Sales!

Sales!

11 Erfolgsfaktoren im B2B-Vertrieb

von

Hartmut Sieck

Andreas Goldmann

Verlag Franz Vahlen München

Das Motto von **Hartmut Sieck** lautet: „Top-Kunden begeistern". Er hat sich in den letzten 10 Jahren einen Namen als Experte für die Themen Key Account Management und Vertrieb im Business-to-Business-Umfeld gemacht und ist Gründungsmitglied sowie Vorstand der *European Foundation for Key Account Management*. Hartmut Sieck ist Autor des Buches „Der Key Account Manager", dass 2016 bei Vahlen erschienen ist.

Andreas Goldmann ist Gründer und Geschäftsführer des international tätigen Vertriebsberatungsunternehmens *New-Leaf Partners*. Mit weiteren Niederlassungen in den USA und Südafrika fokussiert sich NewLeaf Partners auf Themen des Vertriebsmanagements und den Verkauf von Serviceleistungen insbesondere Clouddiensten.

ISBN 978 3 8006 5519 9

Wilhelmstr. 9, 80801 München
Satz: Fotosatz Buck
Zweikirchener Str. 7, 84036 Kumhausen
Druck und Bindung: Nomos Verlagsgesellschaft mbH & Co. KG
In den Lissen 12, 76547 Sinzheim
Umschlaggestaltung: Ralph Zimmermann – Bureau Parapluie
Gedruckt auf säurefreiem, alterungsbeständigem Papier
(hergestellt aus chlorfrei gebleichtem Zellstoff)

Vorwort

Vielen Dank, dass Sie sich für diesen praxisorientierten Leitfaden zum B2B-Vertrieb entschieden haben. Wenn Sie Außendienstmitarbeiter, Vertriebsingenieur, Verkäufer, Account Manager oder Key Account Manager sind und Ihre Produkte, Dienstleistungen sowie Lösungen Geschäftskunden anbieten, dann ist dieses Buch genau das richtige Nachschlagwerk für Sie.

Beim B2B-Verkauf sind Anbieter und Kunde Unternehmen oder Institutionen. Ob das Kundenunternehmen dabei letztlich als Händler fungiert oder seine Produkte und Dienstleister selbst nutzt beziehungsweise weiterverarbeitet, spielt dabei keine Rolle.

Die folgenden Fragen werden wir in diesem Buch behandeln?

1. Welche Trends sind im B2B-Vertrieb zu beobachten? In welche typischen Fallen tappen Verkäufer immer wieder hinein?
2. Wie analysieren Sie einen Kunden? Welche Geschäftspotenziale können Sie daraus ableiten, ohne einen komplexen Geschäftsbericht lesen zu müssen?
3. Wie bewerten Sie eine Kundenanfrage und wie arbeiten Sie systematisch eine Verkaufsstrategie aus?
4. Wie können Sie aus *Kundenterminen* kundenorientierte *Verkaufstermine* machen und dadurch mehr Erfolg erzielen?
5. Beim B2B-Verkauf sind meistens mehrere Personen in den Kaufentscheidungsprozess involviert. Wie führen Sie systematisch eine Buying Center-Analyse durch, um sicherzustellen, dass Sie auch mit den richtigen Personen sprechen?
6. Wie können Sie XING, LinkedIn oder Facebook gezielt im B2B-Verkauf einsetzen?
7. Value Selling ist ein gern genutztes Schlagwort im B2B-Geschäft. Worauf kommt es dabei eigentlich wirklich an?
8. Wie entwickeln Sie sich von einem taktischen zu einem strategischen Verkäufer?
9. Wie kann sich Ihr Angebotsmanagement von denen des Wettbewerbs unterscheiden?
10. Feilschen Sie noch oder verhandeln Sie schon? Welche sind die wichtigsten Hebel in einer B2B-Verhandlung?
11. Nach dem Spiel ist vor dem Spiel! Wie können Sie kontinuierlich aus jedem gewonnenen und verlorenen Projekt lernen? Mit wel-

chen einfachen Techniken bleiben Sie regelmäßig mit dem Kunden im Gespräch und bilden somit die Basis für eine langfristige Partnerschaft?

Wir haben alle Kapitel so verfasst, dass Sie sie unabhängig voneinander bearbeiten können. Das heißt, Sie können das Buch von Seite 1 bis zum Schluss durcharbeiten oder sich gezielt ein Thema herausgreifen, welches Sie gerade intensiv beschäftigt.

Sie haben außerdem die Möglichkeit, viele der im Buch enthaltenen Checklisten und Werkzeuge unter http://erfolgsfaktoren-im-b2b-vertrieb.de herunterzuladen, sodass Sie sie gleich benutzen können, wenn Sie dieses Buch durcharbeiten.

Viel Erfolg im B2B-Vertrieb wünschen Ihnen

Ihr Hartmut Sieck und Andreas Goldmann

PS: In diesem Buch sprechen wir meistens vom Verkäufer. Diese Bezeichnung steht stellvertretend für alle Außendienstmitarbeiter, Vertriebsingenieure, Account Manager oder Key Account Manager – egal ob männlich oder weiblich.

Inhaltsverzeichnis

Kapitel 1
Erfolgsfaktor Anpassungsfähigkeit: Wo steht Ihr Vertrieb?

Auf dem Weg zum Spitzenverkäufer

Spitzenverkäufer arbeiten anders als der Durchschnitt, indem sie

- sich klar auf die wichtigsten Kunden und Anfragen fokussieren,
- intensive Bedarfsanalysen durchführen,
- durch Kundenkenntnis bestechen und den Kunden in den Mittelpunkt jedes Kundentermins setzen,
- nicht taktisch, sondern proaktiv mit einer Strategie verkaufen,
- vier verschiedene Angebotstypen bewusst einsetzen,
- jedes Angebot gezielt nachfassen und
- wissen, warum Kunden bei ihnen kaufen bzw. nicht ordern.

Effektivität und Effizienz bringen Top-Verkäufer weg von der Denkweise *Viel hilft auch viel* hin zu Mache wenig, das aber richtig!"

In diesem Kapitel erfahren Sie, was Sie tun müssen auf Ihrem Weg zum Spitzenverkäufer im B2B-Vertrieb. Sie erfahren:

- wie sich der Einkauf vom notwendigen Übel zur strategisch wichtigen Schaltzentrale entwickelt,
- dass professionelles Account Management und E-Business-Lösungen die Antworten auf das Sterben des Flächenvertriebs in vielen Branchen sind und
- dass es nur drei Möglichkeiten gibt, im internationalen Wettbewerb zu bestehen: Sie produzieren etwas Einzigartiges und sind somit konkurrenzlos, Sie produzieren günstiger als Ihre asiatischen Mitbewerber oder Sie kennen die Probleme Ihrer Kunden und stärken deren Wettbewerbsposition. Dabei hilft Ihnen das 4-Stufen-Modell für den B2B-Vertrieb als wichtiges Werkzeug:
  - Stufe 1: Verkaufen von austauschbaren Produkten
  - Stufe 2: Ergänzung durch Serviceleistungen, um eine Differenzierungen gegenüber dem Wettbewerb zu erreichen
  - Stufe 3: Lösung vom Kundenproblem steht im Mittelpunkt
  - Stufe 4: Es geht darum, die Wettbewerbsfähigkeit des Kunden zu stärken

Wie sich der Markt verändert

Entspannen Sie sich und genießen Sie mit uns eine Reise in die gute alte Zeit, als Vertrieb noch unter Männern gemacht und Kaufentscheidungen auf rein technischer Ebene getroffen wurden. Das Wort „Compliance" gab es noch gar nicht im Duden. Die technischen Ansprechpartner durften jede Messe besuchen, wo man abends bei ein bis zwei (Fass) Bier die Geschäfte für das nächste Jahr vereinbarte. Geschenke durften wir als Verkäufer auch noch machen. Man duzte sich und kannte viele Mitarbeiter des Kundenunternehmens persönlich. Einkaufsplattformen gab es noch nicht! Bei Verhandlungen hat man sich noch in die Augen geschaut! Mann gegen Mann! Prozesskosten? Keine Ahnung was das ist. Bestimmt was für Akademiker mit Niveau. Ach ja, die gab es ja damals auch noch nicht.

Und heute steht Compliance über alles. Wenn Sie keine Lieferantennummer oder keinen Rahmenvertrag vorweisen können, dürfen und brauchen Sie leider auch vor Ort beim Kunden gar nicht mehr antreten. Stattdessen:

- Auftragsvergabe per Auktionen,
- Lead Buyer-Konzepte, bei denen die Entscheidung für Ihre Produkte und Dienstleistungen zentral von einem Standort irgendwo auf der Welt getroffen werden,
- hoher Wettbewerbsdruck,
- International transparente Preise, bei denen Ihnen die Marge wörtlich durch die Finger rinnt,
- Unternehmen reduzieren die Anzahl ihrer Lieferanten um bis zu 50 %,
- Prozesskosten und Total Cost of Ownership (TCO)-Betrachtungen spielen plötzlich eine wichtige Rolle,
- wechselnde Ansprechpartner auf Kundenseite oder
- soziale Netze, wie LinkedIn oder Xing, sind die neuen Kontaktdatenbanken.

Die Konsequenz: In vielen Unternehmen gibt es heute bereits die Funktion „Sales Development". Eine Person kümmert sich dabei aktiv darum, die vertriebliche Vorgehensweise den Veränderungen des Marktes kontinuierlich anzupassen.

Auch die klassische Kundenklassifizierung wandelt sich. Früher wurden die meisten Kunden in die folgende Struktur überführt:

- A-Kunden: die noch vom Vertriebsleiter oder Chef besonders bearbeitet werden.
- B-Kunden: wurden vom regionalen Flächenvertrieb betreut.

- C-Kunden: dafür war der regionale Flächenvertrieb (meist nebenbei) verantwortlich.

Zukünftig werden wir hier eine ganz andere Aufteilung sehen:

- Mehr A-Kunden, weil diese Kunden meist international aufgestellt sind und auch so bedient werden wollen. Aus dem Verkäufer wird ein echter Key Account, der die Geschäftsbeziehung zu seinem Kunden auch über Ländergrenzen hinweg verantwortet.
- Weniger B-Kunden, die noch vom Regionalvertrieb bedient werden.
- Wesentlich mehr C-Kunden, die gar nicht mehr persönlich bedient werden können. Das erlaubt die Margensituation nicht. Außerdem möchten viele der C-Kunden lieber mit effizienten E-Business- oder Telefon-Backoffice-Lösungen arbeiten.

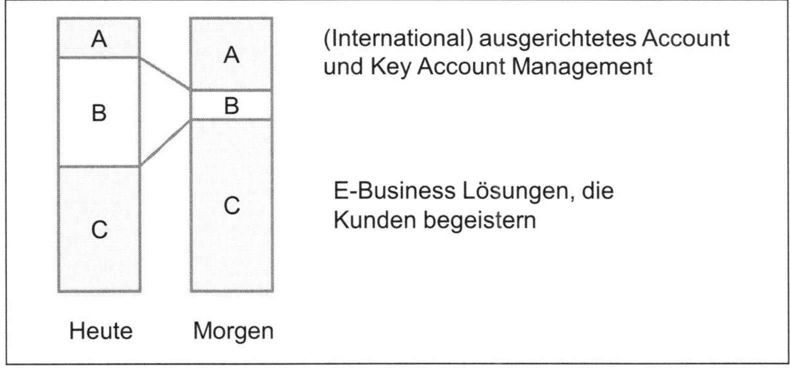

Abbildung 1: A-B-C-Kundenklassifizierung im Wandel

Wandel bei A-, B- und C-Kunden

C-Kunden heißen plötzlich „Nicht-Besuchskunden". Nicht untypisch ist, dass ein Unternehmen drei Vertriebskanäle etabliert:

1. Kanal: Key Account Management (für die international wichtigsten und strategisch bedeutenden Kunden)

2. Kanal: Heute noch ein Flächenvertrieb für kleinere, mittelständische Kunden, zukünftig mehr Inside Sales.

3. Kanal: Tender Sales, der sich nur mit Ausschreibungen auseinandersetzt. In einem Unternehmen geschieht das sogar so professionell, dass die Hitrate (also das Verhältnis Aufträge zu Angebote) größer 50 % ist!

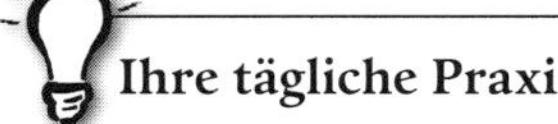

Ihre tägliche Praxis

Was möchten Sie in diesem Jahr vertrieblich anders machen als im vergangenen Jahr?

Austauschbarer Produktanbieter oder Partner auf Augenhöhe?

Immer mehr Produkte schwimmen im Strom austauschbarer Angebote, einem Commodity, auch wenn wir das nicht gerne hören. Die folgende Abbildung illustriert ein **4-Stufen-Modell**, wobei auf der untersten Stufe, der Stufe eins, das Produkt mit seinen Leistungsmerkmalen klar im Vordergrund steht. Verhandlungen, die auf dieser Ebene geführt werden, sind meist sehr preissensitiv („squeeze out"). Die Produkte sind zumeist austauschbar und der Markt ist äußerst wettbewerbsintensiv. Eine detaillierte Kundenkenntnis ist auf dieser Stufe meist nicht notwendig, und die Anzahl der Kontakte auf Kundenseite sind sehr häufig auf den Einkaufsbereich fokussiert. Lieferanten, die sich auf dieser Stufe aufhalten, sind leicht austauschbar!

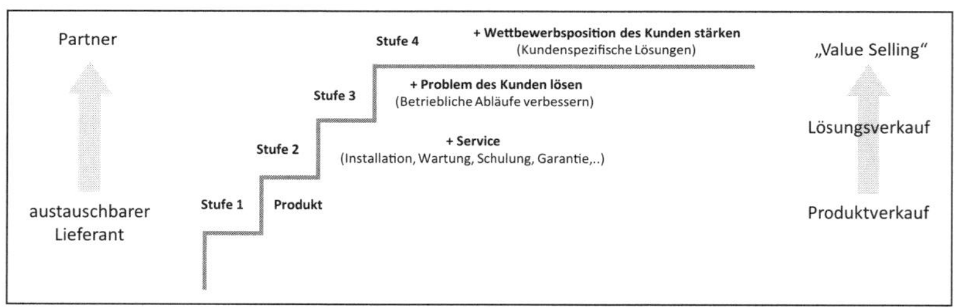

Abbildung 2: 4-Stufen-Modell[1]

Auf der Stufe zwei wird das Produkt durch zusätzliche Dienstleistungen „veredelt". Ziel ist es, dem Kunden einen Mehrwert anzubieten, den er von einigen Wettbewerbern nicht bekommen kann. Das heißt, nicht mehr ein austauschbares, preissensitives Produkt steht im Vordergrund der Gespräche, sondern ein *Paket*. Auch für das Verkaufen auf der Stufe zwei ist nicht unbedingt ein tiefergehendes Wissen über den Kunden notwendig.

[1] Quelle: Sieck, Key Account Management, 3. Auflage, S. 44.

Auf den Stufen drei und vier wird es richtig interessant. Bei Gesprächen und Verhandlungen stehen das Problem des Kunden und damit eine kundenindividuelle Lösung im Vordergrund. Bei diesen Stufen ist ein fundiertes Wissen über das Geschäft, das Geschäftsmodell und die Prozesse des Kunden notwendig. Die beiden Stufen unterscheiden sich dadurch, dass auf der Stufe drei konkret die „interne" Problemlösung beim Kunden im Vordergrund steht, während auf der Stufe vier die Stärkung der Wettbewerbsposition des Kunden in den Mittelpunkt rückt. Hier ist also auch noch ein fundiertes Wissen über den Markt des Kunden notwendig.

Wer im internationalen Wettbewerb steht, hat nur drei Möglichkeiten.

1. Entweder Sie produzieren etwas Einzigartiges und sind somit konkurrenzlos,
2. Sie produzieren günstiger als es Ihre asiatischen Mitbewerber können oder
3. Sie positionieren sich auf Stufe drei oder vier.

Ein C-Artikel wird zum Problemlöser

Ein schönes Beispiel liefert das Unternehmen WÜRTH. Im Kern liefert WÜRTH austauschbare C-Artikel. Für diese Artikel werden Sie heute immer einen Anbieter finden, der einen besseren Preis anbieten kann. WÜRTH positioniert sich allerdings anders, nämlich auf der Stufe 3 und unterstützt Unternehmen dabei, die Prozesse (Verfügbarkeit, Abwicklung, Bestellung, ...) zu optimieren, und damit konkrete Kundenprobleme zu lösen (wie eine hohe, schnelle, einfache Verfügbarkeit von C-Artikeln vor Ort).

Diese Art des Verkaufens, bei dem das Problem des Kunden und nicht das eigene Produkt im Mittelpunkt steht, wird auch als „Consultative Selling" bezeichnet. Je näher Sie dem Status eines Partners bei Ihrem Kunden kommen, je größer werden auch die sogenannten „Switching Costs", die Kosten, die ein Kunde aufwenden muss, um seinen Lieferanten zu wechseln.

Ihre tägliche Praxis

Sind Sie ein Produktverkäufer (Stufe 1) oder ein Anbieter, der seine Kunden dabei unterstützt, die eigene Wettbewerbsposition zu optimieren (Stufe 4)? Welche Fähigkeiten und Kompetenzen benötigen Sie, um zukünftig einer der besten auf der Stufe 1 bis 4 zu werden?

Die täglichen Fallen im B2B-Vertrieb

Seit vielen Jahren dürfen wir Verkäufer und Key Account Manager zu ihren Kunden begleiten und ihnen anschließend als Vertriebscoach ein Feedback geben. Unabhängig von der Branche konnten wir im Laufe der Zeit einige Fallen identifizieren, in die auch immer wieder erfahrende Verkäufern laufen:

1. **Keine Fokussierung: Es fehlt die Top-Ten-Opportunity-Liste**
   Welche sind Ihre wichtigsten fünf Verkaufsprojekte, an denen Sie gerade arbeiten? Es ist immer wieder erstaunlich, wie schwer sich viele Verkäufer damit tun, diese Fragen (also Ihre Geschäftsgelegenheiten, Opportunities) zu beantworten. Viele Verkäufer fokussieren sich dadurch nicht auf die *wichtigsten* Verkaufschancen! Damit sind sie zwar unheimlich beschäftigt, aber niemals so erfolgreich, wie fokussierte Spitzenverkäufer!
2. **Keine Ahnung: Es fehlen Kunden-/Bedarfsanalysen**
   Dazu zwei Beispiele aus der Praxis:
   Beispiel 1: Bestandskunden: Je länger wir mit einem Kunden in einer Geschäftsbeziehung stehen, umso mehr haben wir den Eindruck, ihn kennen. Das führt dazu, dass die Internetseiten von Bestandskunden so gut wie gar nicht mehr besucht oder Geschäftsberichte nur noch selten gelesen werden. Wir meinen ja, den Kunden zu kennen. Wir wissen dagegen, dass sich unser eigenes Unternehmen ändert. Wahrscheinlich ist das bei Ihren Kunden nicht anders.
   Beispiel 2: Neukunde: Ein potenzieller Kunde ruft Sie an und bittet um ein Angebot. Wie häufig öffnet sich dann im Kopf die Schublade „Standardangebote", getreu dem Motto: *Sagen Sie nichts, ich habe die Lösung für Sie*?
3. **Kein Zuhören: Verkaufsgespräche stellen den Kunden zu selten in den Mittelpunkt**
   Im eigentlichen Verkaufsgespräch dreht sich auch heute noch zu viel um den Verkäufer, seine Produkte und Dienstleistungen. Und der Redeanteil des Kunden ist immer noch zu gering. Es wird also versucht, Produkte zu verkaufen, anstatt Lösungen für die Herausforderungen des Kunden zu erarbeiten.
4. **Kein Plan: Wie möchte ich den Kunden gewinnen?**
   Die meisten Verkäufer agieren zu taktisch: der nächste Termin, die Angebotsabgabe und die Produktpräsentation stehen im Mittelpunkt ihrer Arbeit. Eine Verkaufsstrategie, also die Antwort auf die Frage *Wie will ich diese Anfrage überhaupt gewinnen?*, haben die wenigsten ausgearbeitet!

5. **Angebot ist nicht gleich Angebot**
   Sehr häufig sehen wir im Alltag keine Differenzierung in der Bearbeitung von Anfragen. Ein Kunde möchte ein Angebot, also bekommt er es! Doch steckt hinter der Anfrage wirklich eine reale Verkaufsgelegenheit oder „nur" Interesse des Kunden? Die Angebotserstellung sollte unbedingt differnzieren zwischen: Der Kunde bekommt
   a. *kein Angebot* (weil wir bspw. nur als Vergleichsangebot herangezogen werden)
   b. ein *Budgetangebot* (weil der Kunde zunächst nur eine Budgetabschätzung für seine Kalkulation benötigt)
   c. ein *„normales" Angebot* (weil es sich um eine Anfrage handelt, bei der wirklich etwas dahintersteckt, die Chancen aber im Moment 50:50 stehen oder es sich um ein Erweiterungsangebot zu einer bestehenden Lösung handelt)
   d. ein *„Extra-Meile-Angebot"*, das eine kundenindividuelle Angebotszusammenfassung enthält, ausgedruckt und idealerweise persönlich übergeben und präsentiert wird (weil es sich aus Sicht des Verkäufers um eine Anfrage handelt, bei der er sich große Chancen ausrechnet).
6. **Kein Feedback: Ohne Fleiß kein Preis**
   Welches Gefühl haben Sie, wenn Sie ein Angebot von einem Lieferanten erhalten, aber nicht wirklich nachgefasst wird? Genau. Das Unternehmen hat kein Interesse an Ihnen! Sehr häufig bleibt das Nachfassen im Tagesgeschäft auf der Strecke. Hier entscheidet sich häufig, dass der Verkäufer den Auftrag bekommt, der etwas mehr Engagement zeigt.

Für die tägliche Praxis: Warum kauft der Kunde eigentlich bei Ihnen?

Nehmen Sie sich bitte die letzten drei gewonnenen oder auch verlorenen Geschäfte vor und notieren, warum sich der Kunde für oder gegen Sie entschieden hat. Was lernen Sie daraus? Was sind die Erfolgsgeheimnisse, die Sie verstärkt einsetzen, und was sind die vertrieblichen Wege, die Sie ab morgen gehen möchten? Das kontinuierliche Lernen oder sich verbessern scheint auch hier den Spitzenverkäufern vorbehalten!

Auf dem Weg zur mehr Effektivität und Effizienz im B2B-Vertrieb

Der Verkäufer sieht sich mit immer mehr Aufgaben bei gleichzeitig steigender Komplexität der Produkte, Dienstleistungen, Lösungen sowie Kundenstrukturen konfrontiert. In der Folge sind viele Verkäufer fleißig wie die Bienen, doch nicht alle sind gleich erfolgreich. Woran liegt das? Eine Antwort darauf ist klar: Top-Verkäufer wie Top-Vertriebsorganisationen weisen einen höheren Grad an Effektivität und Effizienz aus als andere.

Effektivität (lateinisch effectivus, bewirkend) ist ein Maß für Wirksamkeit. Sie beschreibt das Verhältnis von erreichtem Ziel zu definiertem Ziel. Es gibt Aufschluss darüber, wie nah ein erzieltes Ergebnis dem angestrebten Ergebnis gekommen ist. Dies ist im Unterschied zur Effizienz (als Maß für Wirtschaftlichkeit) unabhängig vom Aufwand. Einzig das Ausmaß und die Qualität, in dem beabsichtigte Wirkungen des Ziels erreicht werden, stellen die Kriterien für das Vorhandensein von Effektivität dar.[2] Lassen Sie uns diese Definition noch etwas schärfen und mehr auf den Punkt bringen:

Effektivität: Tue ich gerade die richtigen Dinge?

Effizienz: Tue ich die Dinge richtig?

Kurzum: Effektivität bedeutet, sich bewusst dafür zu entscheiden, etwas zu tun oder eben nicht zu tun. Top-Verkäufer fokussieren ihre begrenzte Arbeitszeit auf die vielversprechenden Projekte und Kunden.

Effektivität und Effizienz führen uns weg von der Denkweise *Viel hilft auch viel* und hin zu *Mache wenig, aber das richtig.*

Wie kann der Weg zur mehr Effizienz und Effektivität gelingen? Wir stellen diese Frage regelmäßig am Ausgangspunkt unserer Workshops. Etwa 70 % der Teilnehmer entscheiden sich für eine Steigerung der Effizienz im ersten Schritt. Was wären die Folgen? Unser Unternehmen wird schneller sterben! Denn nun würden zwar immer noch die falschen Aktivitäten durchgeführt, diese dafür aber richtig effizient. Das ist eine klassische Reaktion von Organisationen in Krisensituationen. Für die Vertriebsarbeit bedeutet das, mehr Leads zu generieren, mehr Kunden zu kontaktieren und mehr Angebote zu schreiben. Unter der Voraussetzung, dass unsere Vertriebsmannschaft in der Regel schon zu mehr als 100 % ausgelastet ist, ein doch wenig sinnvoller Weg.

---

[2] Quelle: Wikipedia.

Stattdessen stellen sich zu wenig Organisation die Frage: *Arbeiten wir am richtigen Kunden? Sprechen wir mit den richtigen Personen? Betreiben wir die richtigen Projekte? Schlagen wir die richtigen Lösungen bei den richtigen Entscheidern vor?*

Für die tägliche Praxis: Effektivität und Effizienz

Schauen Sie auf Ihre Aktivitäten der letzten vier Wochen. Stellen Sie sich zuerst die Frage nach der Effektivität und dann nach der Effizienz.

- Stufe 1: Effektivität
  - War es richtig, dieses Angebot zu erstellen?
  - War dieser Kundentermin oder eine Besprechung zu diesem Zeitpunkt wirklich nötig?
- Stufe 2: Effizienz
  - Benutze ich Vorlagen beispielsweise zur Terminvereinbarung, zum Verschicken von Unterlagen oder Angeboten?
  - Kommen bei mir Textbausteine in den Angeboten vor?
  - Folgen Besprechungen einer klaren Struktur? Wird das Protokoll der Besprechung gleich im Anschluss erstellt?

Der Verkaufsprozess im B2B

Der Verkaufsprozess im B2B-Umfeld besteht im Kern aus 1 plus 8 Schritten (siehe die folgende Abbildung). Wir werden in diesem Buch zu den meisten Schritten Tipps und Praktiken eingehender besprechen.

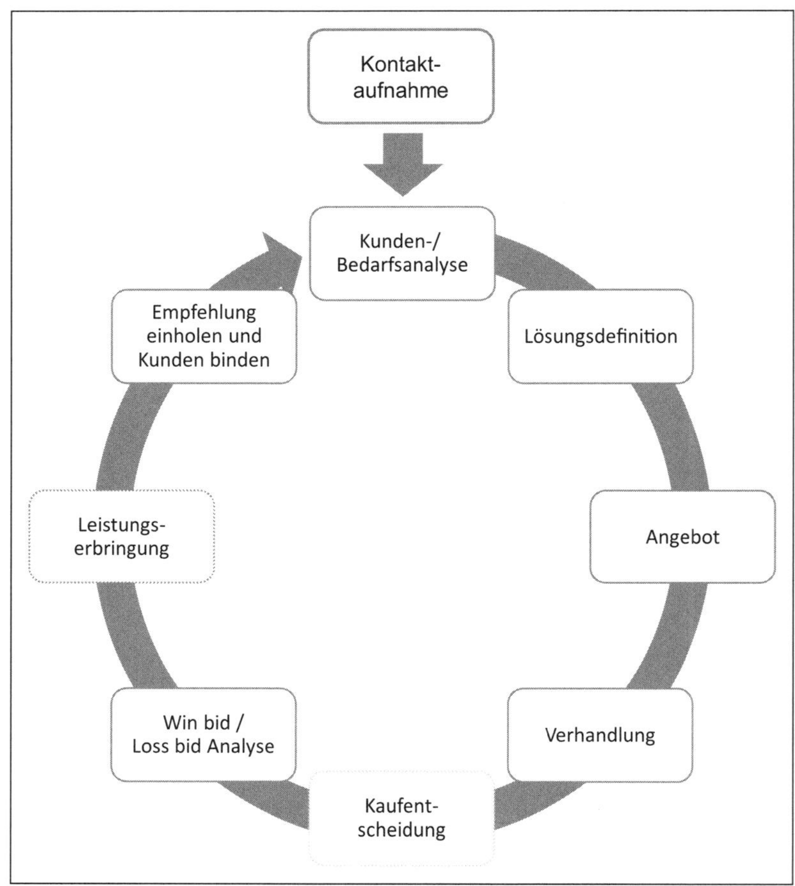

Abbildung 3: Verkaufsprozess im B2B

Schritt im Verkaufsprozess	**Wo Sie dazu etwas im Buch finden**
Schritt 1a: Kontaktaufnahme Der (pozentielle) Kunde ruft uns an oder schickt uns eine Anfrage per E-Mail. Alternativ kommt der Kontakt über eine Messe, Marketingaktion oder Outbound-Telefonaktion zustande.	Das ist für Sie nicht neu. Deshalb werden Sie dazu nichts in diesem Buch finden.

Schritt im Verkaufsprozess	Wo Sie dazu etwas im Buch finden
Schritt 1b: Kunden-/Bedarfsanalyse Die Analyse kann telefonisch, persönlich vor Ort, am Point of Sale oder auch am Schreibtisch (zum Beispiel im Falle einer Ausschreibung) erfolgen.	• Kapitel 2: Erfolgsfaktor Kundenanalyse • Kapitel 3: Erfolgsfaktor Anfragen systematisch bewerten • Kapitel 4: Erfolgsfaktor Beziehungsmanagement • Kapitel 5: Erfolgsfaktor Kundengespräch
Schritt 2: Lösungsdefinition Eine auf den Kunden und seine Bedürfnisse optimierte Lösung wird erarbeitet und dem Kunden präsentiert.	• Kapitel 5: Erfolgsfaktor Kundengespräch • Kapitel 8: Erfolgsfaktor Verkaufsstrategie
Schritt 3: Angebot Ein Angebot wird erstellt, abgegeben und nachverfolgt.	• Kapitel 7: Erfolgsfaktor Kundennutzen • Kapitel 8: Erfolgsfaktor Verkaufsstrategie • Kapitel 9: Erfolgsfaktor Angebotsmanagement
Schritt 4: Verhandlung Eine Verhandlung mit dem Kunden wird durchgeführt.	• Kapitel 10: Erfolgsfaktor Verhandlung
Schritt 5: Kaufentscheidung Der Kunde tritt Entscheidung für den Anbieter.	Dieser Schritt obliegt nur dem Kunden und wird daher nicht behandelt.
Schritt 6: Win bid-/Loss bid-Analyse Warum hat sich der Kunde für oder gegen Sie entschieden? Was lernen Sie daraus für Ihr zukünftiges Vorgehen?	• Kapitel 11: Erfolgsfaktor After Sales
Schritt 7: Leistungserbringung Das Produkt, die Lösung, die Dienstleistung wird erbracht.	Dieser Schritt wird in der Regel von anderen Abteilungen des Unternehmens durchgeführt. Daher wird dieser Bereich nicht tiefergehend im Buch behandelt.

Schritt im Verkaufsprozess	Wo Sie dazu etwas im Buch finden
Schritt 8: Empfehlung einholen und Kunden binden Der Kunde wird nach erbrachter Leistung *aktiv* nach einer Empfehlung im eigenen Unternehmen oder für ein externes Unternehmen gefragt. Gleichzeitig starten die Kundenbindungsmaßnahmen.	• Kapitel 11: Erfolgsfaktor After Sales

Kapitel 2
Erfolgsfaktor Kundenanalyse

Auf dem Weg zum Spitzenverkäufer

Spitzenverkäufer arbeiten anders als der Durchschnitt, indem sie

- systematische Kundenanalysen nutzen, um neue Geschäftspotenziale zu ermitteln, Geschäftsrisiken frühzeitig wahrzunehmen, Ansatzpunkte für Kundengespräche zu finden und schließlich zu neuen Fragen finden, die den Kunden gestellt werden.
- Dazu verwenden sie vier Ansätze:
  1. „Quick und dirty" basierend auf wenigen Kennzahlen (der Faustformelansatz)
  2. Cross- und Up-Selling-Abschätzungen
  3. die strategische Kundenanalyse
  4. Wettbewerbsschwächen ausnutzen

Die strategische Kundenanalyse ist das zentrale Werkzeug, um wichtige Fragen über und mit dem Kunden zu bewegen:

- Was sind die drei wichtigsten Ziele Ihres Kunden? Welche Chancen/Risiken ergeben sich daraus für Sie und Ihr Unternehmen?
- Wie sieht die Eigentümer- und die Unternehmensstruktur aus? Welche Chancen/Risiken ergeben sich daraus für Sie?
- Wie sieht die Einkaufsstrategie des Kunden aus? Welche Chancen/Risiken ergeben sich daraus für Sie?
- Welche Veränderungen am Markt beeinflussen das Geschäft Ihres Kunden? Welche Chancen/Risiken ergeben sich daraus für Sie?

Die strategische Kundenanalyse lässt sich in einem zentralen Cockpit zusammenfassen:

Potenzialbereich	**Wert gesamt**	**Davon nächstes Jahr realisierbar**	**Realistisch adressierbar**	**Bemerkungen**
Umsatz letztes Jahr	100 T€	80 %	80T€	Weniger, weil ...
Top-Ziele des Kunden	10 T€	100 %	10 T€	Kunde will jedes Jahr 10 % wachsen.
Unternehmensstruktur	50 T€	20 %	10 T€	Gezielte Akquise im Werk ...
Einkaufsstrategie	–	–	–	Keine Auswirkung
Marktumfeld des Kunden	25 T€	100 %	25 T€	Neue Richtlinie xy ...
Unser Wettbewerb	-15T€	100 %	-15T€	Da wir die ...
Cross-, Up-Selling, neue Lösungen	30 T€	33 %	10 T€	Neues Ventil xy ...
Summe:			**120 T€**	

Haben Sie heute schon einen Kunden systematisch analysiert, um dessen Geschäftsansätze und -potenziale zu ermitteln? Die meisten führen diese Analyse – wenn überhaupt!! – nur einmal im Jahr durch, nämlich sobald die Zielvorgaben für das nächste Jahr eintreffen. Sie fragen sich dann, wie und mit welchen Kunden diese scheinbar so unrealistischen Ziele überhaupt erreicht werden sollen.

Eine Kunden- bzw. Potenzialanalyse ist eines der zentralen Werkzeuge im B2B-Vertrieb, um die folgenden drei Aufgaben systematisch bearbeiten zu können:

1. Ansätze finden für die ersten Gespräche mit dem Kunden,
2. Ermittlung des adressierbaren Geschäftspotenzials,

3. Geschäftsrisiken mit einem Kunden frühzeitig erkennen.

Auf den folgenden Seiten stellen wir Ihnen vier Ansätze vor, die Sie dabei unterstützen, Geschäftspotenziale und -risiken eines Kunden systematisch zu analysieren. Das Charmante dabei ist, dass Sie damit sofort starten können.

Ansatz 1: Quick & dirty

In fast allen Branchen lässt sich das Potenzial eines Kunden mit wenigen Kennzahlen grob ermitteln. Hier einige Beispiele aus der Praxis:

Seminaranbieter im Bereich Vertrieb:

- Anzahl der Mitarbeiter im Vertrieb x 1 Training pro Jahr á XXX Euro = Potenzial/Jahr
- bei stark wachsenden Firmen oder Unternehmen mit hoher Fluktuation:
  Anzahl neue Mitarbeiter im Vertrieb x 3 Trainings im ersten Jahr á XXX Euro = Potenzial/Jahr

Zulieferer im Maschinenbau

- Anzahl produzierter Maschinen pro Jahr x XXX Euro pro Maschine = Potenzial/Jahr

Reisedienstleistungen

- Anzahl reisender Mitarbeiter x X Tage pro Jahr x Durchschnittsrate im Hotel (in Euro) = Gesamtbuchungsvolumen/Jahr

Derartige Kennzahlen geben Ihnen ein erstes Gefühl über das Potenzial eines Kunden. Sie helfen Ihnen aber auch dabei, die richtigen Fragen im Kundengespräch zu stellen. Beispiel:

- Wie viele neue Mitarbeiter starten jedes Jahr neu im Vertrieb?
- Wie viele Trainings durchlaufen diese neuen Mitarbeiter heute?

Für die tägliche Praxis

Mit welchen Kennzahlen können Sie näherungsweise das Potenzial Ihres stärksten und schwächsten Kunden ermitteln?

Ansatz 2: Cross- und Up-Selling

Auch bei Ihren besten Bestandskunden werden Sie in der Regel nicht mit allen Produkten und Serviceleistungen vertreten sein. Daraus ergeben sich drei Ansätze, um im kommenden Jahr mehr Geschäft zu generieren:

1. Beim **Cross Selling** bieten wir unseren Kunden weitere Produkte an, die sie bisher noch nicht bei uns eingekauft haben.
   Beispiel: Sie haben bisher Arbeitsschuhe an einen Kunden verkauft. Wer Arbeitsschuhe braucht, benötigt auch Handschuhe. Genau diese bieten Sie ihm zukünftig auch an.
2. Beim **Up-Selling** gilt es, dem Kunden zukünftig ein höherwertigeres Produkt anzubieten. Sie bieten Ihrem Kunden beispielsweise ein höherwertigeres Flottenfahrzeug (ein Passat anstelle eines Golfs) oder eine höherwertigere Dienstleistung (Full-Service-Wartungspaket) an.
3. **Innovationen**: Welche neuen Produkte oder Dienstleistungen können Sie Ihrem Kunden zukünftig anbieten, die Sie bisher noch nicht im Portfolio hatten.

Für die tägliche Praxis

Analysieren Sie für einen ausgewählten Bestandskunden das zusätzliche Potenzial durch Cross Selling, Up-Selling und durch neue Produkte und Dienstleistungen.

Ansatz 3: die strategische Kundenanalyse

Steigen Sie mit uns in einen Helikopter. Wir möchten einen Kunden aus größerer Distanz betrachten. Im Kern geht es uns dabei um vier Fragen:

1. Was sind die Top 3-Ziele Ihres Kunden?
   Welche Chancen und Risiken ergeben sich daraus für Sie?
2. Wie sieht die Unternehmensstruktur (z. B. Eigentümerstruktur) Ihres Kunden aus?
   Welche Chancen und Risiken ergeben sich daraus für Sie?
3. Wie sieht die Einkaufsstrategie des Kunden aus?
   Welche Chancen und Risiken ergeben sich daraus für Sie?

4. Welche Veränderungen am Markt beeinflussen das Geschäft Ihres Kunden?
   Welche Chancen und Risiken ergeben sich daraus für Sie?

Für die Leser, die meinen, dass sie sich keine Gedanken um das Marktumfeld oder die strategische Ausrichtung eines Kunden machen müssen, da sie „nur" C-Produkte verkaufen, sei empfohlen: Bleiben Sie im Helikopter, denn wir werden Ihnen aufzeigen, wie wichtig diese Kernfragen auch für Sie sein werden!

Top 3-Ziele Ihres Kunden?

In Workshops stellen wir gerne die Frage: „Kennen Sie Ihren Kunden?" Sie können sich die Antwort vorstellen ... Sie ist die Vorlage für eine kleine Übung, bei der wir die Teilnehmer darum bitten, die drei wichtigsten Unternehmensziele ihres Kunden spezifisch, messbar und terminiert auf ein Blatt Papier zu notieren. In vielen Fällen bleibt das Blatt leer! Doch wie wollen wir unseren Kunden wirklich Lösungen anbieten, wenn wir keine Vorstellung davon haben, wo sie kurz-, mittel- und langfristig hinmöchten?

Hier einige Beispiele:

- Fokus Umsatzsteigerung: „2020 haben wir unseren Umsatz gegenüber 2013 verdoppelt auf dann 500 Millionen Euro."
- Fokus Marktpräsenz: „2020 ist unser Unternehmen einer der drei globalen Anbieter für Ladestation im E-Mobility-Markt"
- Fokus Kostenreduzierung: „Bis 2020 verbessern wir die EBIT-Marge unseres Unternehmens auf 20 %."

Müssen wir diese strategischen Ziele wirklich kennen? Helfen Sie uns bei unserem Geschäft mit dem Kunden? Wir sagen JA:

1. Ihr Kunde will bis 2020 seinen Umsatz gegenüber 2013 verdoppeln. Wenn Sie heute bereits Komponenten in seine Produkte hineinliefern, hat dieses Ziel automatisch eine sehr große Auswirkung auf Ihr Geschäftspotenzial, denn das sollte sich linear zum Kundenwachstum verhalten. Das heißt, auch Sie machen 2020 mit diesem Kunden ungefähr doppelt so viel Geschäft wie 2013.
2. Der Kunde möchte seine Profitabilität verbessern und hat sich daher das Ziel gesetzt, die EBIT-Marge zu optimieren. Daraus ergeben sich zwei direkte Aspekte (auch für C-Teile-Lieferanten!):
   a. Da dieses Unternehmensziel 1:1 in die Ziele des Einkaufs übergehen wird, können Sie sich schon heute auf ein Schreiben des Kunden vorbereiten. Tenor: Wenn Sie weiterhin liefern wollen, dann muss hier ein Ratio-Effekt, sprich eine weitere Preisreduktion möglich sein!

b. Der Einkauf Ihres Kunden wird sich darüber hinaus überlegen müssen, wie er das Ziel geringerer Einkaufskosten umsetzt. Auf der Agenda erscheinen dann ganz schnell die Reduzierung der Anzahl der Lieferanten sowie mögliche Prozesskostenoptimierungen. Als C-Teile-Lieferant können Sie diese beiden Aspekte nutzen, um Ihre existierende Lieferantenbasis weiter auszubauen (Up-Selling)!

Für die tägliche Praxis

Wählen Sie einen Bestandskunden aus Ihrem Kundenstamm aus. Wie lauten seine drei wichtigsten Ziele auf Unternehmensebene und welche Chancen oder auch Risiken ergeben sich daraus für Sie?

Eigentümer- und Unternehmensstruktur Ihres Kunden?

Als Verkaufstrainer und Sparringspartner darf ich seit einigen Jahren den VAN- Vertriebsbereich von Mercedes-Benz begleiten (dahinter stecken Transporter wie der *Sprinter*), ein Projekt, was mir unheimlich viel Freude bereitet. Aus der Anzahl der Key Account Manager weltweit ergibt sich schnell das Potenzial für die jährlichen Trainings in diesem Bereich. So weit, so gut. Denn die Unternehmensstruktur von Mercedes-Benz besteht ja noch aus weiteren Vertriebsbereichen: neben den VAN-Bereich wären da vor allem die Bereiche PKW, Nutzfahrzeuge (LKW), Finanzdienstleitungen und After-Sales-Services.

In welchen der Bereiche gibt es eigentlich die größten Trainingsbedarfe? Wo arbeiten die meisten Key Account Manager und Verkäufer? Auf welchen der Bereiche wird Mercedes-Benz sich in den nächsten Jahren fokussieren? Wenn Sie diesen Fragen ernsthaft nachgehen, dann werden Sie feststellen, dass mein Lieferanteil winzig klein oder – positiv ausgedrückt – das Potenzial riesig ist. Also lautet die Hausaufgabe: Finde heraus, welcher Bereich die größten Potenziale bietet und in welchen Bereich der Einstieg aufgrund der Beziehungen im VAN-Bereich am einfachsten gelingen kann.

Ganz tagesaktuell wird Frage der Eigentümerstruktur für viele Zulieferer von Monsanto aus den USA. Bayer ist jetzt – Anfang 2017 – gerade im Prozess, Monsanto zu übernehmen. Diese Änderung der Eigentümerverhältnisse wird direkte Auswirkungen auf die Lieferanten von Monsanto haben. Wer darf überhaupt noch liefern? Welche Lieferanten werden zukünftig von Bayer vorgeschrieben? Welche

Konsequenzen ergeben sich daraus auf das Preisgefüge (vor allem, wenn Ihr Unternehmen bereits heute beide Unternehmen beliefert!)?

Für die tägliche Praxis

Welche Chancen und Risiken können Sie aus der Unternehmensstruktur und Eigentümerstruktur Ihres Kunden ableiten?

Einkaufsstrategie Ihres Kunden

Der Einkauf hat sich in den letzten Jahren dramatisch verändert und professionalisiert. Die meisten Unternehmen haben heute eine Einkaufsstrategie, die im B2B-Geschäft Chancen, aber auch Risiken bieten kann.

An dieser Stelle möchten wir Ihnen eine kleine Auswahl von Fragestellungen zur Hand geben, die eine Analyse der Einkaufsstrategie Ihrer Kunden vereinfachen:

- Erfolgt die Beschaffung zentral oder dezentral in den Niederlassungen beziehungsweise Werken oder Landesgesellschaften?
- Werden weltweit verbindliche Rahmenverträge gefordert? Benötigen Sie eine Lieferantennummer, um einzelne Werke, Niederlassungen oder Landesgesellschaften überhaupt beliefern zu dürfen?
- Existiert eine Vorgabe bezüglich der Anzahl der Lieferanten pro Produktbereich? In diesem Zusammenhang tauchen sehr häufig die Begriffe *Single Sourcing* (also ein Lieferant) und *Multiple Sourcing* (mehrere Lieferanten) auf. Wie groß ist der maximale Lieferanteil (*share of wallet*), den ein Lieferant bekommen kann?
- Bis zu welchem Betrag dürfen Niederlassungen oder Werke des Kunden ohne den Zentraleinkauf beschaffen?
- Gibt es Einkaufsgremien, „Global Purchasing Teams“ oder auch „Lead buyer“ innerhalb der Kundenorganisation? Ein Beispiel: Das Werk Ihres Kunden in den Niederlanden ist für die weltweite Beschaffung von Hydraulikkomponenten verantwortlich, während das Werk in Brasilien weltweit den Stahl beschafft.
- Gibt es weitere Richtlinien zum Lieferantenmanagement, die beispielsweise eine zu hohe wirtschaftliche Abhängigkeit von einem Lieferanten verhindern sollen.
- Werden regelmäßig Lieferantenbewertungen durchgeführt?

Für die tägliche Praxis

Kennen Sie die Einkaufsstrategie Ihres wichtigsten Kunden? Welche Chance oder Risiken ergeben sich daraus für Sie und Ihr Unternehmen?

Veränderungen am Markt meines Kunden

Was hat der Ölpreis mit Vertriebstrainings zu tun? Hätten Sie mir diese Frage vor ein paar Jahren gestellt, hätte ich vermutlich sofort geantwortet: natürlich nichts!

Zu unseren Kunden gehört ein namhaftes, global tätiges Chemieunternehmen. Zu Jahresbeginn wurden eine Reihe von Trainings für das kommende Jahr eingeplant. Alles lief gut, bis die erste Veranstaltung storniert wurde. Irritiert hat uns das noch nicht. Ein paar Wochen später folgte aber die nächste Stornierung, der eine weitere folgte ... Warum hat das Unternehmen die Trainings storniert? War es mit unserer Leistung unzufrieden? Wurden die Trainings nicht mehr benötigt? Hatte sich etwa ein Wettbewerber das Geschäft „still und heimlich" gesichert? Nein, nichts dergleichen. Der wahre Grund lag im Ölpreis verborgen!

Veränderung im Marktumfeld des Kunden	Auswirkungen auf den Kunden	Chance / Risiko für unser Geschäft mit dem Kunden
Ölpreis ist von 2014 bis 2016 um etwa 70 % eingebrochen	Der Hauptertragsbringer des Unternehmens liegt im Gasgeschäft, was stark mit dem Ölpreis gekoppelt ist. Damit gibt es einen (massiven) Ertragseinbruch.	Der Ertragseinbruch des Kunden führt zu kurzfristigen Einsparungsprogrammen. Damit ist mit Stornierungen von Trainings zu rechnen!

Diese einfache Analyse genügt bereits, um vom Marktumfeld des Kunden auf die Auswirkungen auf das eigene Geschäft zu schließen. Doch wie häufig stellen Sie sich und Ihrem Kunden diese Fragen?

Für die tägliche Praxis

Welche sind die drei wichtigsten Veränderungen im Marktumfeld Ihres Kunden und welche Konsequenzen ergeben sich daraus für ihn? Was bedeutet das für Ihr eigenes Unternehmen?

Ansatz 4: Ihr Wettbewerb

Welche Unternehmen liefern noch Produkte, Dienstleistungen und Lösungen in das Kundenunternehmen hinein, die auch Sie liefern könnten? Welche Chancen und Risiken ergeben sich daraus für Ihre eigene Positionierung und für das Geschäft mit Ihrem Kunden?

Hier eine Beispielanalyse für einen Lieferanten von Hydraulikkomponenten.

Wettbewerb	Position beim Kunden	Stärken/Schwächen	Ihre Chance/Ihre Risiko
Mayer & Söhne	Beliefert den Kunden mit Zylindern für Sonderlösungen	+ wird als innovativer, flexibler Partner wahrgenommen + sehr gute Beziehungen zum Einkäufer Max Meier, der ab 01.05. die Leitung des Einkaufs übernimmt	Wenn Max Meier neuer Einkaufsleiter ist, wird der Wettbewerb versuchen, die gute Beziehung aktiv zu nutzen, um seinen Lieferanteil auch auf die Standlösungen auszuweiten. Unsere einzige Chance: noch vor dem 01.05. mit dem alten Einkaufsleiter den Rahmenvertrag um drei Jahre zu verlängern.

Tipp

Eine gute Wettbewerbsanalyse wird immer aus Sicht des Kunden erstellt. Welche Stärken und Schwächen nimmt Ihr Kunde wahr? Nur seine Einschätzung zählt am Ende!

Für die tägliche Praxis

Führen Sie eine Wettbewerbsanalyse für einen wichtigen Bestandskunden durch. Welche Chance oder Risiken ergeben sich dadurch für Sie und Ihr Unternehmen?

Alles auf einem Blick

Nun fügen wir alle Gedanken aus der Kundenanalyse zusammen zu einem Gesamtbild. Die Basis dazu bildet die folgende Tabelle, die auf den Ausführungen von Dr. Hans Sidow in seinem Buch *Key Account Marketing & Key Account Selling* basiert.

Potenzialbereich	Wert Gesamt	Davon nächstes Jahr realisierbar	Realistisch adressierbar	Bemerkungen
Umsatz letztes Jahr	100 T€	80 %	80T€	Weniger, weil die Maschine xy des Kunden zukünftig von einem Wettbewerber geliefert wird.
Top-Ziele des Kunden	10 T€	100 %	10 T€	Kunde will jedes Jahr 10 % wachsen. Wir wachsen mit ihm.
Unternehmensstruktur	50 T€	20 %	10 T€	Gezielte Akquise im Werk xy, das wir bisher noch nicht beliefert haben.
Einkaufsstrategie	-	-	-	Keine Auswirkung
Marktumfeld des Kunden	25 T€	100 %	25 T€	Neue Richtlinie xy muss umgesetzt werden. Damit können wir höherwertigere Komponenten verkaufen.
Unser Wettbewerb	-15T€	100 %	-15T€	Da wir die Komponenten xy nicht rechtzeitig liefern können, werden wir hier Geschäft an den Wettbewerb verlieren.

Potenzial-bereich	Wert Gesamt	Davon nächstes Jahr realisierbar	Realistisch adressierbar	Bemerkungen
Cross-, Up-Selling, neue Lösungen	30 T€	33 %	10 T€	Neues Ventil xy ist preislich und technologisch genau das, was der Kunde für seine Maschine abc braucht. Nur 33 %, weil das Ventil erst zum 01.04. verfügbar ist und noch getestet werden muss.
Summe:			**120 T€**	

Diese Checkliste können Sie sich unter http://erfolgsfaktoren-im-b2b-vertrieb.de/ herunterladen.

Für die tägliche Praxis

Welches Potenzial bietet Ihnen ein ausgewählter Kunde Ihres Kundenstamms für das nächste Jahr?

Kapitel 3
Erfolgsfaktor Anfragen systematisch bewerten

Auf dem Weg zum Spitzenverkäufer

Spitzenverkäufer arbeiten anders als der Durchschnitt, indem sie

- nicht jede Kundenanfrage sofort mit einem Angebot beantworten. Stattdessen stimmen sie ihre Angebote optimal auf einen Kunden ab.
- Dabei orientieren sie sich an sieben Fragen, um eine Anfrage systematisch und verkaufsorientiert zu bewerten.

Sieben Fragen, die ein Spitzenverkäufer vor einem Angebot analysiert:

- Was ist das genaue Kundenproblem?
- Was ist das zwingende Ereignis des Kunden? Was passiert, wenn er keine Kaufentscheidung trifft?
- Wie sieht der konkrete Zeitplan aus (Angebotsabgabe, Entscheidungstermin, Lieferung/Realisierung)?
- Welche Entscheidungskriterien (neben dem Preis) wird der Kunde heranziehen?
- Welche Personen sind in den Entscheidungsprozess involviert?
- Wer sind mögliche Wettbewerber und wie sind diese beim Kunden positioniert?
- Wie groß ist das Budget des Kunden? Gibt es einen Fälligkeitstermin?

Ein Kunde kommt mit einer Anfrage in Form einer E-Mail, einem Telefonat, einem Lastenheft oder auch einer Ausschreibung auf einen potenziellen Lieferanten zu. Wir beobachten in unseren Beratungsprojekten immer wieder, wie unterschiedlich Unternehmen auf diese Anfragen reagieren:

- Jede Anfrage wird mit einem Angebot beantwortet (auch ohne dass vorher mit dem Kunden noch einmal Kontakt aufgenommen wurde).
- Kein Angebot verlässt das Haus, bevor der Verkäufer nicht einmal mit dem Kunden Kontakt hatte.

- Anfragen werden bis ins Detail analysiert und bewertet. Eine vertriebliche Bewertung fehlt dagegen.
- Anfragen werden technisch und vertrieblich bewertet, jedoch erfolgt der Verkauf rein taktisch (Was machen wir als Nächstes?). Eine Verkaufsstrategie wird nicht ausgearbeitet.
- Verkäufer müssen Anfragen systematisch technisch und vertrieblich bewerten, bevor überhaupt ein Angebot erstellt werden darf.

Für die tägliche Praxis

Verfügen Sie über eine Checkliste, mit der Sie Anfragen systematisch vertrieblich hinterfragen und bewerten? Erarbeiten Sie wirklich eine Verkaufsstrategie oder geben Sie nur ein Angebot ab?

Auf den folgenden Seiten möchten wir Ihnen darstellen, wie Sie Anfragen systematisch *vertrieblich* bewerten. Fragen zur inhaltlichen (meist technischen) und kommerziellen Bewertung, wie:

- Welche technischen Anforderungen hat der Kunde?
- Welche Produkte oder Lösungen hat der Kunde angefragt?
- Wie sehen die Einkaufsbedingungen aus?
- …,

haben wir bewusst ausgeklammert, da sie nach unserer Erfahrung von den meisten Verkäufern professionell analysiert werden. Die vertriebliche Analyse kommt dagegen häufig zu kurz, was zu vielen „Blindangeboten“ führt.

Was ist das genaue Kundenproblem?

Diese erste Frage hat es bereits in sich. Alle Verkäufer stellen sich die Fragen „Was hat der Kunde genau angefragt?“ oder „Was will der Kunde haben?“. Die Frage nach dem konkreten Kundenproblem geht jedoch einen entscheidenden Schritt weiter.

Das genaue Kundenproblem bei einer Anfrage

Sie erhalten eine Anfrage für ein Verhandlungstraining von zwölf Verkäufern eines mittelständischen Unternehmens. Wie lautet das Kundenproblem? Um eines gleich vorwegzunehmen, es ist nicht die Durchführung des Trainings!

a) Kundenproblem: Mitarbeiterbindung
Der Kunde möchte seinen Mitarbeitern wieder einmal etwas Gutes tun.
b) Kundenproblem: schlechte Marge
Der Kunde muss seine Profitabilität verbessern.
c) Kundenproblem: Anstehende Preiserhöhung
Der Kunde will seine Mitarbeiter bestmöglich auf die anstehenden Verhandlungen mit den Einkäufern vorbereiten.
d) Kundenproblem: Budget verfällt
Der Kunde hat noch Budget übrig, was er bis zu einem bestimmten Termin ausgeben muss. Ohne fristgerechte Durchführung des Trainings verfällt das Budget.

Die Antworten auf eine Anfrage können also immer unterschiedlich ausfallen. In der Anfrage selbst werden Sie das „Kundenproblem" allerdings nur sehr selten finden!

Für die tägliche Praxis

Schauen Sie sich Ihre aktuellen Angebote an. Welche Kundenprobleme lösen Sie damit?

Was ist das zwingende Ereignis des Kunden? Was passiert, wenn er keine Kaufentscheidung trifft?

Kennen Sie die Bezeichnung „Sehmänner"? So bezeichnet man gerne Kunden, die unheimlich interessiert sind, sich viel umschauen, aber am Ende nicht kaufen. Klassisch trifft das zum Beispiel bei vielen Besuchern (meistens Männer) von Autohäusern zu. Damit Sie Ihre kostbare Zeit nicht zu intensiv mit Sehmännern verbringen, gilt es, eine wichtige Frage in die Bewertung einfließen zu lassen: *Muss der Kunde überhaupt kaufen?* Gibt es ein zwingendes Ereignis? Was passiert, wenn der Kunde keine Kaufentscheidung trifft?

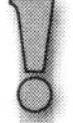

Muss der Kunde kaufen?

Ein Maschinenbauer fragt bei Ihnen Steuerungskomponenten an. Auf Ihre Frage, wann die Maschine zum Endkunden ausgeliefert werden muss, folgt prompt die Aussage: „Der Auftrag ist schon im Haus und spätestens in sechs Monaten muss die Maschine in Asien laufen!". Daraus können Sie direkt schließen, dass der Kunde die Kaufentscheidung treffen *muss*. Es lohnt sich also, in diese Anfrage zu investieren. Hätte er geantwortet: „Wir haben noch gar kein Angebot abgegeben. Wir möchten uns nur vom Budget her auf eine Anfrage des Endkunden vorbereiten.“, würde Budgetangebot Ihrerseits völlig ausreichen. Diese Anfrage direkt in die kurzfristige Umsatzplanung mit aufzunehmen, wäre nicht sinnvoll.

Wie sieht der konkrete Zeitplan aus?

Bei den Terminen gibt es drei Meilensteine, die Sie definitiv kennen müssen, um eine Anfrage bewerten zu können.

1. Wann muss das Angebot abgebeben werden?
2. Wann wird sich der Kunde entscheiden?
3. Wann muss die Übergabe der Lösung erfolgen?

Die erste Frage wird immer beantwortet, was schlichtweg daran liegt, dass die meisten Verkäufer stark auf den nächsten Aktionspunkt fixiert sind. Und der ist nach der Anfrage die Angebotsabgabe. Bei der dritten Frage gibt es schon die ersten Unterschiede. Der (gewünschte) Liefertermin wird noch abgefragt, um zu überprüfen, ob die eigene Lieferzeit zu den Kundenanforderungen passt. Aber Achtung: Liefertermin und Übergabetermin an den Kunden sind in vielen Branchen zweierlei Dinge. Aus vertrieblicher Sicht sind jedoch der finale und späteste Übergabetermin interessant.

„Druck auf dem Projekt“

Ein potenzieller Kunde fragt bei einem Aufzugsbauer einen Aufzug für ein Wohngebäude an. Gewünschter Liefertermin ist der 01.10.2018. Die Frage nach dem spätesten Übergabetermin liefert uns jedoch noch Hinweise darauf, wie hoch der „Druck auf dem Projekt“ ist:

Frage: „Bis wann müssen wir Ihnen den Aufzug spätestens übergeben?“

Antwort: „Am 01.11.2018 zieht der neue Mieter ein und dann muss die Aufzugsanlage wieder komplett laufen!“.

Konsequenz: Der Kunde hat einen Druckpunkt, ein zwingendes Kaufereignis, nämlich den Einzug eines neuen Mieters. In unserer Planung müssen wir deshalb sicherstellen, dass spätestens am 31.10.2018 der Aufzug übergeben werden kann!

Abhängig von Ihren Produkten und Dienstleistungen kann es darüber hinaus noch weitere Termine geben:

- Wann erfolgt die Testphase Ihres Produkts (Beispiel in der chemischen Industrie)?
- Wann muss die Lösung des Kunden zum Endkunden ausgeliefert werden (Beispiel Maschinenbau)?

Jetzt fehlt uns noch ein ganz wichtiger Termin, den die zweite Frage bewegt: „Wann wird sich der Kunde entscheiden?“ Warum ist dieser Termin so wichtig?

1. Nach dem ersten Telefonat fragen Sie den Kunden, wann er das Angebot gerne hätte: „Lassen Sie sich Zeit, morgen genügt vollkommen!“ Sie erstellen das Angebot und fassen nach einer Woche nach: „Hatten Sie bereits Gelegenheit, das Angebot anzuschauen?“ Antwort: „Nein, ich warte noch auf das Wettbewerbsangebot, was ich Ende des Monats erhalten soll. In acht Wochen werde ich beide mit in die Geschäftsführungssitzung nehmen.“ Hätten Sie sich wirklich mit dem Angebot so beeilen müssen?
2. Wenn der Übergabetermin fest vorgegeben ist, dann können auch Sie den spätesten Entscheidungstermin vorgeben und den Kunde nach der Machbarkeit fragen: „Um die Übergabe zum 31.10.2018 sicherstellen zu können, benötige ich spätestens zum 30.06.2018 die Beauftragung. Passt das zu Ihrer Zeitplanung?“
3. Manchmal ist Entscheidung nicht gleich Entscheidung. Sollen beispielsweise Angebote in einer Geschäftsführungssitzung besprochen werden, dann schließen viele Verkäufer daraus, dass die Entscheidung für oder gegen unser Angebot auch dort fällt. Häufig wird aber bei derartigen Treffen nur entschieden, dass in den Aufzug investiert werden soll. Als Ergebnis werden dann in die Planung eingestiegen, und die finale Kaufentscheidung fällt durchaus Monate später!

Welche Entscheidungskriterien wird der Kunde heranziehen?

Der Preis scheint das zentrale Entscheidungskriterium des Kunden zu sein. Ist das wirklich so?

Guter Preis gewinnt nicht immer

Während eines Verkaufstrainings für einen Maschinenbauer meinte ein Junior-Verkäufer: „Bei uns entscheidet nur der Preis!“ Ich bat ihn daraufhin, seine letzte verlorene Anfrage noch einmal zu überdenken. Warum verlor er den Auftrag? Der Kunde hatte schon Erfahrungen mit einem anderen Lieferanten gesammelt. Er hat sich deshalb für ihn entschieden – auch weil er den Servicetechniker schon gut kannte. Ist der Preis wirklich das zentrale Entscheidungskriterium?

In Ausschreibungen finden Sie fast immer einen Bereich mit der Überschrift „Auswahlkriterien". Doch gerade bei täglichen Anfragen, die auch eher informell gestellt werden, gilt es, diese Kriterien explizit herauszuarbeiten! Nach welchen Kriterien wird der Kunde die Angebote bewerten? Wie sieht die Reihenfolge dieser Entscheidungskriterien, bspw. konstante Produktqualität, Lieferzeiten, Serviceunterstützung in Asien und Preis, aus?

Nur wenn Sie diese Entscheidungskriterien kennen, können Sie, erstens, überhaupt bewerten, inwieweit es sinnvoll ist, ein Angebot abzugeben, und zweitens, wie Sie ein Angebot aufzubauen haben, damit der Kunde seine Entscheidungskriterien wiederfindet!

Tipp

Fragen Sie ruhig Ihren Kunden, welche seine – neben dem Preis – drei wichtigsten Entscheidungskriterien für den Auftrag sind.

Welche Personen sind in den Entscheidungsprozess involviert?

Die Anfrage haben Sie von einer Person erhalten, doch welche Rolle spielt diese Person wirklich im Entscheidungsprozess? Häufig wird im B2B-Verkauf genau in diese Falle getappt, da gemeint wird, dass derjenige, der die Anfrage geschickt hat, auch etwas zu sagen hat. Leider ist das nur selten der Fall!

Zu diesem Fragekomplex empfehlen wir, eine sogenannte Buying Center-Analyse durchzuführen (siehe Kapitel 4: Erfolgsfaktor Beziehungsmanagement).

Bei einer Anfrage sollten Sie sich systematisch diesen Fragen widmen:

- Welche Personen sind in den Entscheidungsprozess involviert? Vergessen Sie dabei nicht mögliche externe Unternehmen, Planungs- und Ingenieurbüros, die gerade im B2B-Bereich eine entscheidende Rolle spielen können.

- Wer ist der Entscheider beziehungsweise wer sind die Entscheider?
- Wie stehen die involvierten Personen zu Ihnen beziehungsweise zu Ihrem Unternehmen?
- Haben Sie bereits eine Beziehung zu den wichtigsten Personen aufgebaut?

Wer sind Ihre Wettbewerber?

Das Wettbewerbsumfeld im B2B-Bereich ist intensiv. Eine häufige Frage in Vertriebstrainings lautet: „Wir kennen den Wettbewerb gar nicht. Müssen wir wirklich so viel Zeit mit dem Wettbewerb verbringen?“ Auf diese Frage haben wir keine eindeutige Antwort. Richtig ist, dass die Analyse der Kundenanfrage oberste Priorität hat. Es gilt, eine optimale Lösung für das Kundenproblem zu erarbeiten und anzubieten. Aber meistens setzt der Kunde schon heute Wettbewerbslösungen ein. Wenn er mit diesen sehr zufrieden ist und obendrein auch noch langlaufende Serviceverträge existieren, macht es nur wenig Sinn, viel Zeit in diese Anfrage zu stecken. Am Ende werden Sie nur angefragt, um den etablierten Lieferanten zu ärgern.

Trotzdem sollten Sie sich in diesem Zusammenhang bei einer Anfrage die folgenden Fragen stellen:

- Wer sind aus *Kundensicht* Ihre wichtigsten Wettbewerber? Denken Sie dabei auch kundeninterne Anbieter.
- Wie sind Ihre Wettbewerber bereits heute beim Kunden vertreten (Produkte, Dienstleistungen, Lieferanteil, Beziehungsnetz, …)?
- Welche Vor- und Nachteile haben *aus Kundensicht* diese Wettbewerber gegenüber Ihrem Unternehmen bzw. Angebot?
- Wie sieht Ihre Geschäftshistorie mit dem Kunden aus? Hat der Kunde jemals bei Ihnen gekauft oder immer nur angefragt, um Sie dann mit dem zweiten Platz zu vertrösten?

Tipp

Es ist bei der Bewertung wichtig, die Sicht des Kunden einzunehmen. Die Erfahrung zeigt, dass die Wahrnehmung des Kunden sehr stark von unserer eigenen abweichen kann.

Wie groß ist das Budget des Kunden? Gibt es ein Fälligkeitstermin?

Die Frage nach dem Budget empfinden viele Verkäufer immer noch als unangenehm. Dabei ist diese Information essentiell, um eine passende Lösung anbieten zu können.

Wenn die Budgetvorstellungen auseinander fallen

Einem älteren Ehepaar fällt das Treppensteigen im eigenen Haus zunehmend schwer. Daher fragen Sie bei einem Aufzugsbauer einen an der Außenfassade anzubringenden Aufzug an. Das *zwingende Ereignis* ist hier bereits gegeben. Bei der Frage nach dem Budget stellt sich schnell heraus, dass das Ehepaar an einer Investition von 20.000 Euro gedacht hatte, während allein der neu zu erstellende Schacht 50.000 Euro kosten würde. Das Wissen über das Budget bringt hier allen Parteien umgehend Klarheit. Ein komplett ausgearbeitetes Angebot macht im Moment keinen Sinn. Eine kurze Information mit einer Überschlagsrechnung vielleicht schon!

Neben der Größe des Budgets vergessen viele Verkäufer zudem das Hinterfragen von zeitlichen Restriktionen. Bei unseren Vertriebstrainings steht beispielsweise das Budget nur bis zum Ende eines Jahres bereit. Danach verfällt es sehr häufig. Für uns gilt dann: entweder wir können noch in diesem Jahr das Training durchführen und abrechnen oder wir haben einen Wettbewerbsnachteil gegenüber einem Anbieter, der diese zeitlichen Restriktionen bedienen kann!

Die Konsequenz Ihrer Analyse der Kundenanfrage

Nachdem Sie die Anfrage eines Kunden systematisch analysiert haben, gilt es, eine Bewertung und Entscheidung herbeizuführen:

- Kundenproblem bekannt? (ja/nein)
  Können Sie dieses Problem lösen? (ja/nein bzw. zu x%)
- Zwingendes Ereignis vorhanden? (ja/nein)
  Können Sie ein zwingendes Ereignis schaffen? (ja/nein)
- Termine bekannt? (ja/nein)
  Können Sie diese einhalten? (ja/nein bzw. zu x%)
- Entscheidungskriterien bekannt? (ja/nein)
  Können Sie diese erfüllen? (ja/nein bzw. zu x%)
- Sind Ihnen die involvierten Personen und deren Rollen im Entscheidungsprozess bekannt? (ja/nein)

- Wettbewerb bekannt? (ja/nein)
  Wie groß ist Ihre Chance gegenüber dem Wettbewerb? (x%)
- Budget bekannt? (ja/nein)
  Können Sie eine Lösung in diesem Budgetrahmen anbieten? (ja/nein)

Das Gesamtbild der Bewertung sollte Sie zu einer klaren Entscheidung führen.

Alternative a.
Es gibt keine realistische Chance, diese Anfrage für das eigene Unternehmen zu gewinnen. Deshalb werden keine weiteren Ressourcen in diese Anfrage gesteckt. Der Kunde erhält ein höfliches Absageschreiben bzw. der Verkäufer ruft den Kunden an, um ihm die Absage persönlich zu übermitteln.

Alternative b.
Sie haben eine realistische Chance, die Anfrage für das eigene Unternehmen zu gewinnen. Deshalb arbeiten Sie eine Verkaufsstrategie aus, und es werden gezielt weitere Ressourcen in diese Anfrage investiert.

Für die tägliche Praxis

Wählen Sie eine aktuelle Anfrage aus und bewerten Sie diese anhand der 7-Punkte-Methodik. Anschließend können Sie eine bewusste „Go/No go-Entscheidung“ treffen. Scheuen Sie sich dabei nicht, eine Anfrage abzusagen! Denn schließlich werden Sie dafür bezahlt, Aufträge zu akquirieren, und nicht dafür, den ganzen Tag sinnlose Angebote schreiben!

Kapitel 4
Erfolgsfaktor Beziehungsmanagement

Auf dem Weg zum Spitzenverkäufer

Spitzenverkäufer arbeiten anders als der Durchschnitt, indem sie

- das Buying Center kennen, also die Gruppe von Menschen, die in irgendeiner Weise zu irgendeinem Zeitpunkt in die Kaufentscheidung involviert sind. Dazu können auch externe Personen, wie Fachplaner, Ingenieurbüros oder Berater, gehören.
- Sie lassen sich die Organisation eines Kunden von mehreren Personen erläutern. Damit lernen die Zeilen zu lesen, die zwischen den Kästchen eines üblichen Organigramms stehen.
- Spitzenverkäufer erkundigen sich bereits in einem Kundengespräch nach dem Entscheidungsprozess.
- Sie wissen, wann der Einkauf „nur" damit beauftragt ist, den bestmöglichen Preis aus einem bereits vorher ausgewählten Lieferanten herauszuholen, oder die Entscheidung zu treffen.
- Spitzenverkäufer arbeiten im Team. Sie stellen sicher, dass alle involvierten Personen mit einer Stimme sprechen.

Die Buying Center-Analyse und die Power Map sind das zentrale Werkzeug eines Spitzenverkäufers. Sie beinhaltet sechs Fragen:

- Wer spielt auf der Kundeseite welche Rolle im Kaufprozess?
- Wie sind diese Personen Ihnen gegenüber eingestellt? Wer will Sie gewinnen und wer verlieren sehen?
- Wie gut und intensiv kennen Sie die involvierten Personen?
- Wer hat welchen Einfluss auf die Kaufentscheidung?
- Wer hat welchen Einfluss auf wen innerhalb der Buying Center-Struktur?
- Wer aus Ihrer Organisation sollte langfristig eine Beziehung zu wem innerhalb der Buying Center-Struktur aufbauen?

Wenn ein gewonnener Auftrag keine Erfolgsgeschichte ist

Vergangenes Jahr wurden wir von einem mittelständischen Unternehmen für eine Trainingsreihe angesprochen. Es gab daraufhin eine Reihe von Gesprächen mit drei Personen aus der Geschäftsführung und dem oberen Führungskreis. Schnell waren wir uns einig und es kam das verbale „Ja. Das machen wir gemeinsam." Zwei Wochen später erhielten wir eine E-Mail vom Einkauf mit folgendem Tenor: „Grundsätzlich wären wir an Ihren Trainings interessiert, aber ihr Angebot ist viel zu teuer. Wir bieten Ihnen maximal x Euro pro Training an."

Da die Entscheidung auf Managementebene ja bereits getroffen war, lautete meine Antwort: „Lieber Einkäufer, vielen Dank für Ihre Nachricht. Leider ist Ihr Angebot so weit von unserem ursprünglichen Angebot entfernt, sodass wir keinen wirklichen Verhandlungsraum sehen. Wir bitten Sie um Ihr Verständnis, dass wir in diesem Fall von dem Projekt zurücktreten." Sie ahnen es wahrscheinlich schon: Der arme Einkäufer kam jetzt mächtig unter Druck. Nach weiteren zwei Wochen hatten wir den Auftrag zu unseren Konditionen.

Ist das jetzt wirklich eine Erfolgsgeschichte? NEIN! Wir haben unseren Preis durchgesetzt, aber gleichzeitig haben wir uns einen Feind geschaffen, der jede Trainingsmaßnahme scharf beobachten wird. Was war eigentlich passiert? Die Bedeutung einer Buying Center-Analyse gerade im B2B-Umfeld war uns bewusst. Da wir aber mit dem oberen Management gesprochen haben, schien uns die Analyse hier nicht notwendig zu sein. Hätten wir dagegen im Vorfeld nur eine ganz einfache Frage gestellt, hätten wir uns Ärger ersparen können: „Lieber Kunde, nachdem Sie die Entscheidung für die Trainings getroffen haben, wie sieht der weitere Prozess in Ihrem Unternehmen aus?" Die Antwort wäre gewesen: „Der Einkauf kommt dann noch einmal auf Sie zu!" Wir hätten uns aktiv beim Einkauf melden können, hätten einen kleines Bonbon als Verhandlungspunkt eingeplant und alle wären glücklich!

Verkäufern muss klar sein, dass die Entscheidungswege im B2B kompliziert sein können. Bereits 2008 hat die Unternehmensberatung Miller-Heimann eine Studie mit 4500 Verkäufern weltweit durchgeführt, bei der fast 50 % der Befragten angaben, dass auf der Kundenseite etwa vier bis fünf Personen in eine Kaufentscheidung involviert sind (siehe die folgende Abbildung).

Seit 2008 verschieben sich die Balken kontinuierlich nach oben. Globaler Einkauf, Leadbuyer-Konzepte und eine immer stärkere Verteilung der Verantwortungen im Unternehmen führen dazu, dass immer mehr Personen in einen Entscheidungsprozess involviert sind. Diese Gruppe von Personen wird auch als „Buying Center" bezeichnet.

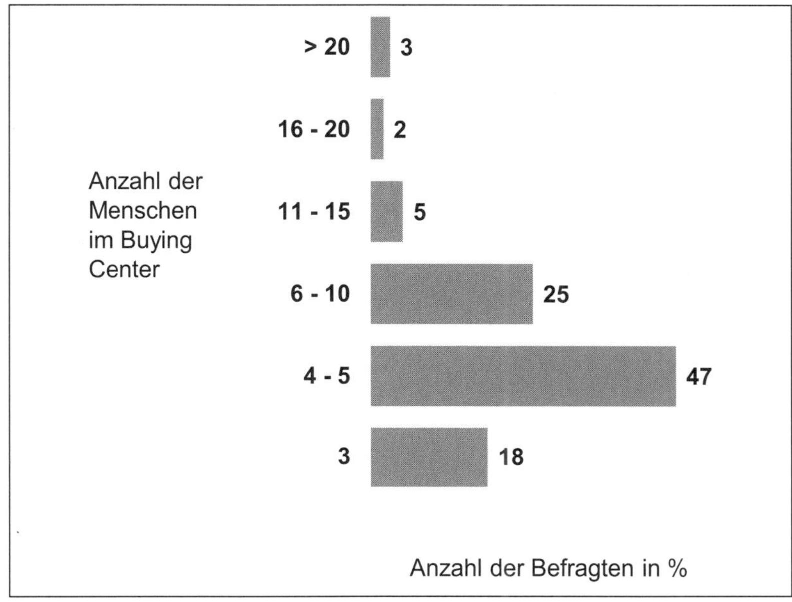

Abbildung 4: Anzahl der in Kaufentscheidungen involvierten Personen

Buying Center

... ist die Gruppe von Menschen auf der Kundenseite, die in irgendeiner Art und zu irgendeinem Zeitpunkt in die Kaufentscheidung involviert ist. Im Allgemeinen besteht das Buying Center aus Mitarbeitern der verschiedensten Organisationseinheiten des Kunden. Zusätzlich können aber auch externe Personen wie Berater in die Entscheidung einbezogen sein und damit Bestandteil des Buying Centers werden.

Der Begriff „Buying Center" ist in den USA nicht geläufig. Sollten Sie eine Buying Center-Analyse mit Ihren Kollegen aus den USA durchführen wollen, so umschreiben Sie den Begriff beispielsweise mit „People involved in the buying decision process".

Im Rahmen von Vertriebscoachings stellen wir immer wieder fest, dass viele Verkäufer auch heute noch gerne auf *eine* für sie offensichtlich in den Kaufprozess entscheidend involvierte Person auf der Kundenseite zugehen. Meistens handelt es sich entweder um einen Mitarbeiter aus der Fachabteilung oder um den Einkäufer. Oft genug erhält aber der Wettbewerb den Zuschlag, weil er das Beziehungsgeflecht auf Kundenseite besser einschätzt. Denken Sie daran: Produkte und auch Dienstleistungen sind zunehmend vergleichbar und austauschbar. Damit Sie sich auch zukünftig gegenüber Ihren Wettbewerbern maßgeblich abheben können, kommt dem Beziehungsmanagement eine entscheidende Rolle zu!

Auf den folgenden Seiten lernen Sie schrittweise, das Buying Center für einen Ihrer Kunden systematisch zu analysieren. Die sogenannte „Power Map" ist das Ergebnis dieser Analyse. Damit können Sie anschließend klare Aktionen ableiten und die „Eigenarten" involvierter Personen in Ihrer Verkaufsstrategie entsprechend berücksichtigen.

Power Map

... ist die Visualisierung des Buying Centers mit weiteren Informationen über die aufzeigten Personen, deren Rolle(n) und Einfluss im Kaufprozess sowie der Machtverhältnisse innerhalb des Kaufgremiums und Zugänge der Wettbewerber zu diesen Menschen.

Mit sechs Fragen zur Power Map

1. Wer auf der Kundeseite spielt welche Rolle im Kaufprozess?
2. Wie sind diese Personen Ihnen gegenüber eingestellt? Wer will Sie gewinnen sehen und wer ist eher für den Wettbewerb?
3. Wie gut kennen Sie die involvierten Personen? Zu wem haben Sie noch keinen ausreichenden Kontakt?
4. Wer hat welchen Einfluss auf die Kaufentscheidung?
5. Wer hat welchen Einfluss auf wen innerhalb der Buying Center-Struktur? Wo gibt es Freundschaften oder Animositäten?
6. Wer aus Ihrer Organisation sollte langfristig eine Beziehung zu wem innerhalb der Buying Center-Struktur aufbauen?

Rollen im Entscheidungsprozess

Hinter dem ersten Aufgabenblock stehen zwei elementare Fragen an Sie als Verkäufer:

1. Welche Personen auf der Kundenseite sind in die Kaufentscheidung involviert?
2. Und welche Rolle(n) spielen diese im Kaufprozess?

Schritt 1: Welche Personen sind auf der Kundenseite in die Kaufentscheidung involviert?

Hier gibt es Personen, die ganz offensichtlich in den Kaufprozess eingebunden sind. Klassisch gehört dazu der Einkäufer, meistens eine Person aus der Fachabteilung und insbesondere bei mittelständischen Unternehmen der Geschäftsführer. Diese Personen tauchen im offiziellen Organigramm des Kunden auf. Auch die Beziehungen und die Verantwortungsbereiche dieser Personen scheinen – zumindest auf den ersten Blick – klar definiert zu sein. Spannend wird es hingegen dann, wenn wir uns die Frage nach den Personen stellen, die „versteckt“ an der Kaufentscheidung mitwirken oder gar nicht zur Kundenorganisation gehören. Dazu einige Beispiele:

Von externen Beratern und Vorstandssekretärinnen

Ein großes Unternehmen wollte eine neue Telefonanlage für ihre Bürogebäude anschaffen. Offizieller Ansprechpartner auf Seiten des Kunden war die IT-Abteilung. Die Anforderungen des Kunden wurden in Form einer Ausschreibung formuliert. Wurde sie allein durch die IT-Abteilung erstellt? Nein! Im Hintergrund agierte ein externer Berater, der maßgeblichen Einfluss auf die Gestaltung und den Inhalt der Ausschreibung hatte. Wichtig ist es, diesen Berater zu kennen und einen „guten Draht“ zu ihm aufzubauen. Das ist der Schlüssel für den Erfolg!

Die Entscheidung für einen Lieferanten stand einige Monate später an. Dazu hatte die IT-Abteilung dem Vorstand die Lösungen von zwei potenziellen Lieferanten präsentiert. Hat der Vorstand zum Schluss eine rein rationale Entscheidung getroffen? Nein! In diesem Falle kam den Vorstandssekretärinnen eine ganz besondere Rolle zu. Der Vorstand stellte den Damen im Vorzimmer jeweils ein Telefon der beiden potenziellen Lieferanten auf den Tisch. Die Damen waren gefordert, ihre Präferenz anzugeben. Welches Endgerät war aus ihrer Sicht das bessere? Plötzlich kam diesen Damen eine entscheidende Rolle im Kaufprozess zu! Gewonnen hat das Unternehmen, das auch einen „guten Draht“ zu diesen Damen hatte.

Achten Sie deshalb insbesondere auf die Menschen, die vielleicht nicht auf dem offiziellen Organigramm des Kunden auftauchen oder im ersten Augenblick scheinbar gar keinen oder nur einen sehr geringen Einfluss haben. Lassen Sie sich die Organisation Ihres Kunden von mehreren Personen erläutern. Als Ergebnis werden Sie das gleiche Organigramm (die gleiche Abbildung der Organisation) bekommen. Zwischen den Zeilen erfahren Sie aber weit mehr zur wirklichen (gelebten) Organisation. Daraus lassen sich informelle Netzwerke, Machtverhältnissen und Beziehungen ableiten.

Wenn Sie mit einem Ansprechpartner auf der Kundenseite einen Termin vereinbaren, an dem mehrere neue Gesprächspartner teilnehmen, fragen Sie Ihren Ansprechpartner bereits im Vorfeld nach deren Namen, Funktionen und Rollen im Unternehmen bzw. im Projekt. Während des eigentlichen Kundentermins führen Sie noch einmal eine offizielle Vorstellungsrunde durch. So erhalten Sie jede Menge „weiche Informationen“ (Soft Facts) über Ihren Kunden. Inwieweit stimmen die Aussagen der beteiligten Personen mit den Aussagen Ihres Ansprechpartners überein? Wie definieren die Teilnehmer selbst ihre Rolle im Projekt? Wer kennt wen wie lange? Wer duzt wen? ...

Tipp

Vermeiden Sie eher Fragen wie: „Wem sollten wir unser Angebot noch präsentieren?“ oder „Für wen könnte das Angebot noch von Interesse sein?“. Besser ist die Frage: „Herr Müller, nachdem Sie die Entscheidung getroffen haben, wie sieht der weitere Entscheidungsprozess in Ihrem Unternehmen aus?“ Im Falle der ersten beiden Fragen, kann es immer wieder vorkommen, dass der Ansprechpartner blockt. Bei der dritten Fragen hingegen, sprechen wir im ersten Teil wertschätzend über den Ansprechpartner und im zweiten Teil um den „neutralen“ Prozess. So ist es wesentlich wahrscheinlicher, dass Ihr Ansprechpartner Ihnen weitere Informationen gibt. Nur wer Fragen stellt, erhält auch Antworten!

Erstellen Sie sich eine Liste von typische Funktionen, die in Ihrem Geschäft involviert sind. Für unseren Trainingsbereich sind das üblicherweise eine Person aus dem Management als Sponsor, eine aus dem Einkauf und eine aus HR. Werden wir von einem Vertriebsleiter (Management) auf ein Training angesprochen, fragen wir aktiv nach, inwieweit die Personalabteilung involviert ist und anschließend der Beauftragungsprozess (Rolle vom Einkauf) aussieht. So stellen wir sicher, dass keine Funktionen im Kundenunternehmen übersehen wird.

Schritt 2: Welche Rollen spielen diese Personen im Kaufprozess?

Im Folgenden werden die wichtigsten Rollen näher erläutert, die in einem Buying Center teilweise auftauchen müssen bzw. können.

Der **Nutzer (Key User)** setzt das eingekaufte Produkt bzw. die Dienstleistung nach dem Kaufprozess ein. Nutzer befassen sich meistens mit Fragen der Bedienung im täglichen Umgang. Personen, die die finale Kaufentscheidung treffen (die Entscheider), werden die Meinung der Nutzer nur in den seltensten Fällen ignorieren. Welcher Entscheider möchte sich schon jahrelang von den Anwendern sagen lassen, wie schlecht das Produkt zu bedienen ist. Denken Sie daran: Anwender gibt es in jedem Kaufprozess!

Der **Entscheider (Decision Maker)** trifft die endgültige Kaufentscheidung. Er verfügt in der Regel auch über das Budget. In vielen Fällen glauben Verkäufer immer noch, dass der Einkäufer auf der Kundenseite die alleinige Entscheidung trifft. Hier wird dem Einkäufer eine zu große Macht zugeschrieben, auch wenn der Einfluss des Einkaufs definitiv stark zugenommen hat!

Den Entscheider interessieren vornehmlich wirtschaftliche Aspekte wie der Return-on-Investment (RoI). Insbesondere bei kleineren Unternehmen ist der Geschäftsführer häufig auch der Entscheider.

Für die tägliche Praxis

Sprechen Sie einmal mit Ihrer Einkaufsabteilung in Ihrem Unternehmen. Wann ist der Einkauf auch Entscheider? Wann ist er „nur“ damit beauftragt, den bestmöglichen Preis aus einem bereits vorher ausgewählten Lieferanten herauszuholen?

Die Gruppe der **Beeinflusser (Influencer)** hat maßgeblichen Einfluss auf die Kaufentscheidung, ohne diese letztendlich selbst treffen zu können. Hierbei kann es sich um externe (typischerweise Berater, Ingenieurdienstleister), aber auch um interne Personen (Qualitätsmanagement, Corporate Governance) handeln.

Unterschätzen Sie niemals die Macht dieser Personengruppe, die aufgrund ihrer Qualifikation oder aufgrund von persönlichen Beziehungen einen großen Einfluss auf die Kaufentscheidung ausübt.

Ein **Ratifizierer (Ratifier)** segnet eine Kaufentscheidung ab. Die Entscheidung selbst wurde bereits vorher getroffen Jedoch kann der Ratifizierer sie noch blockieren. Beispielsweise kann die Geschäftsführung als Ratifizierer auftreten. Die Kaufentscheidung wurde bereits in der Fachabteilung getroffen. Dort steht auch das Budget bereit. Letztlich muss aber noch die Geschäftsführung ihr Einverständnis erteilen. Einkäufer können ebenfalls Ratifizierer sein.

Stolpersteine

In einem großen DAX-Unternehmen müssen größere Rahmenverträge teilweise von mehr als zehn Personen unterschrieben (ratifiziert) werden. Es gibt somit mehr als zehn Stolpersteine, die eine Entscheidung hinauszögern (weil sie gerade auf Dienstreise sind) oder sogar blockieren können.

Der **Spezifizierer (Specifier)** erstellt die Spezifikation, den technischen oder auch kommerziellen Anforderungskatalog.

Türöffner (Gatekeeper) können Zugänge zu bestimmten Personen ermöglichen oder aber auch verschlossen halten. Sie sammeln Informationen, um diese dann an die wahren Entscheidungsträger weiterzugeben. Üblicherweise gehören die Mitarbeiter mit Assistenzfunktionen zu dieser Gruppe.

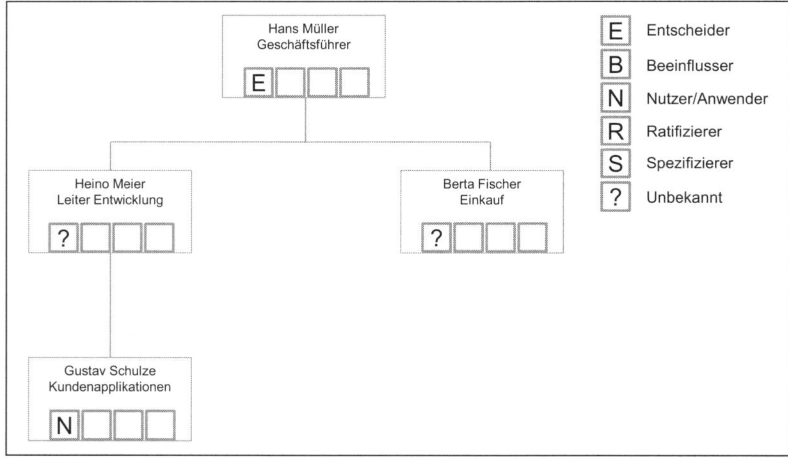

Abbildung 5: Power Map – Involvierte Personen und deren Rollen im Entscheidungsprozess

Einstellung zu Ihnen und Ihrem Unternehmen

Nachdem die involvierten Personen und deren Rollen im Kaufprozess identifiziert wurden, gilt es jetzt, die Einstellung dieser Personen Ihnen gegenüber näher zu betrachten. In der Praxis hat sich dabei eine fünfstufige Einteilung bewährt.

1. Unterstützer (Coach)

Diese Person innerhalb des Buying Centers unterstützt Sie aktiv, das Geschäft zu gewinnen. Die Unternehmensberatung Miller Heiman spricht hier von einem Coach. Diese Menschen haben unter Umständen bereits positive Erfahrungen mit Ihnen persönlich, Ihrem Unternehmen oder Ihrem Produkt gemacht bzw. erhoffen sich persönlich Vorteile innerhalb der Kundenorganisation durch die Auswahl Ihrer Lösung. Es gilt für Sie, Ihre Unterstützer ausfindig zu machen.

Tipp

Sollten Sie einmal eine Leistung nicht erbringen können, so sagen Sie es dem Coach klar und unmissverständlich. Verzichten Sie lieber auf diesen Auftrag. Wenn Sie Ihre versprochene Leistung nicht erbringen, verliert der Coach unternehmensintern sein Gesicht. Damit kann er im schlimmsten Fall zu einem echten Feind werden!

2. Positive Einstellung

Im Gegensatz zum Unterstützer wird eine Person, die Ihnen gegenüber positiv eingestellt ist, Sie nicht proaktiv im Kundenunternehmen fördern und unterstützen. Wird sie aber nach ihrer Meinung gefragt, dann wird sie sich positiv zu Ihnen, Ihrem Unternehmen oder Ihrer Lösung äußern.

3. Neutrale Einstellung

Neutral eingestellte Personen haben keine Präferenz für einen bestimmten Anbieter. Sie wollen die objektiv bestmögliche Lösung für ihren Bereich und ihr Unternehmen.

4. Negative Einstellung

Ihnen gegenüber negativ eingestellte Personen haben einerseits mit Ihnen als Person, mit Ihrem Unternehmen oder Ihren Lösungen schlechte Erfahrungen gemacht oder haben andererseits eine Vorliebe für einen Wettbewerber, weil sie mit diesem bereits positive Erfahrungen gemacht haben bzw. sich durch die Auswahl seiner Lösung Vorteile im eigenen Unternehmen versprechen. Analog zu den positiv eingestellten Personen laufen diese nicht aktiv durch die Flure des Kunden, um Ihr Produkt schlecht zu reden. Werden sie hingegen nach ihrer Meinung gefragt, werden sie sich eher negativ über Sie und Ihre vorgestellte Lösung äußern.

Tipp

Finden Sie heraus, warum eine Person Ihnen gegenüber negativ eingestellt ist. Erst wenn Sie den Grund dafür wirklich kennen, können Sie versuchen, ob sich die negative Einstellung in eine neutrale Haltung verändern lässt.

5. Feind

Bei diesen Menschen handelt es sich um echte Feinde: „Solange ich in diesem Unternehmen bin, wird dir Firma xy mit uns kein Geschäft machen!". Häufig wollen sie den Wettbewerber gewinnen sehen, sind also der Coach des Wettbewerbers. Hat ein Feind objektive Gründe, warum er den Wettbewerber bevorzugt, so können Sie versuchen, ihn umzustimmen oder zumindest zu neutralisieren. Dazu müssen Sie aber den wahren Grund für die Feindschaft kennen (analog zum negativ eingestellten Typ). Die Erfolgsaussichten sind in den meisten Fällen jedoch gering. Suchen Sie also nach einer Strategie, um die anderen Personen im Buying Center positiv zu beeinflussen und diesen „Feind" zu umgehen.

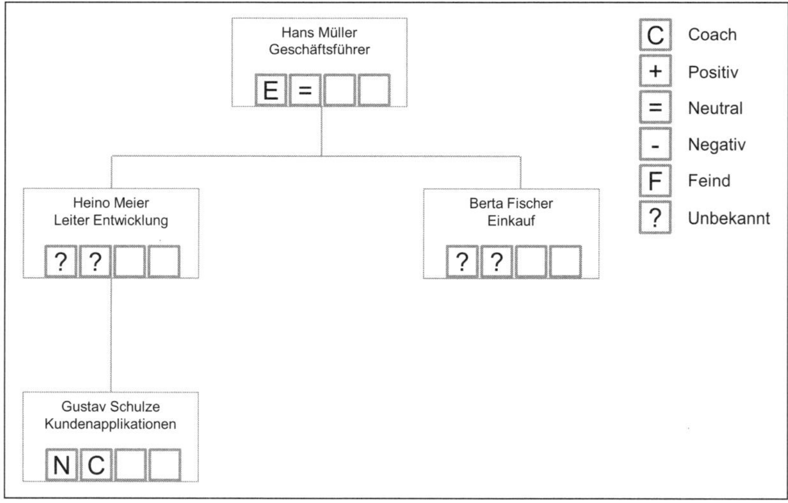

Abbildung 6: Power Map – Einstellung der involvierten Personen zu Ihnen und Ihrem Unternehmen

Beziehungsintensität

Die Personen im Buying Center sind mit ihren Rollen identifiziert und die Einstellung Ihnen gegenüber haben wir auch visualisiert. In diesem Abschnitt steht der Kontakt zu den Personen im Buying Center sowie dessen Intensität im Blickpunkt.

In der Praxis hat sich hier ein vierstufiges Modell als recht geeignet erwiesen.

0	Kein Kontakt	Es besteht weder ein telefonischer noch ein persönlicher Kontakt
S	Selten	Der Kontakt ist nur sehr sporadisch/selten
R	Regelmäßig	Der Kontakt wird regelmäßig persönlich, telefonisch oder auch per E-Mail gepflegt.
I	Intensiv	Der Kontakt ist sehr häufig und geht vielleicht sogar über das Berufliche hinaus.

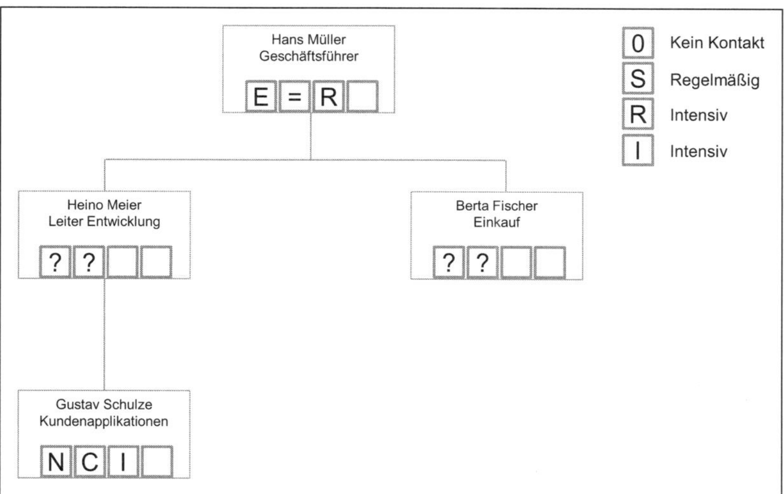

Abbildung 7: Power Map – Kontaktintensität zu den involvierten Personen im Buying Center

Tipp

Muss ein Verkäufer eigentlich jede Person im Buying Center persönlich kennen? Nicht unbedingt! Stellen Sie sich vor, Sie verkaufen aus Sicht des Kunden C-Teile. Die Geschäftsführung des Kunden wird daher kein großes Interesse an einem Termin mit Ihnen haben. In diesem Fall muss aus Ihrer Sicht aber sichergestellt sein, dass ein Ihnen gegenüber positiv eingestellter Mensch Kontakt zur Geschäftsführung hat. Sie halten somit eine indirekte Beziehung zu dieser wichtigen Person.

Einfluss auf die Kaufentscheidung

Hier geht es im Kern um die Frage, wie groß der Einfluss einer involvierten Person auf die finale Kaufentscheidung ist. Nehmen wir an, in einem Buying Center gibt es mehrere Nutzer und Beeinflusser. Haben alle den gleichen Einfluss auf die Entscheidung? Auch im Investitionsgüterbereich gibt es sehr häufig eine Person, die ein Projekt betreut und damit verbunden den Kaufprozess antreibt. Diese Person hat meistens auch etwas mehr zu sagen als die anderen Menschen im Buying Center. In der Praxis hat sich eine Dreiteilung zur Visualisierung des Einflusses auf die Kaufentscheidung bewährt: Personen mit geringem, mittleren und hohen Einfluss.

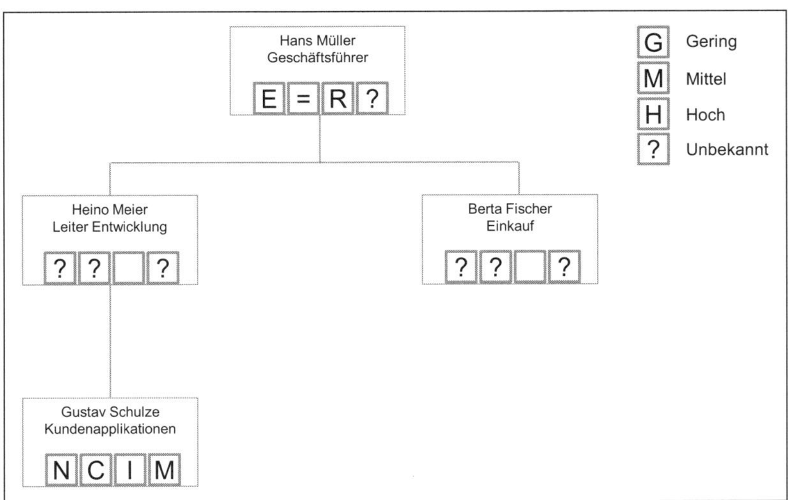

Abbildung 8: Power Map – Einfluss der involvierten Personen im Buying Center

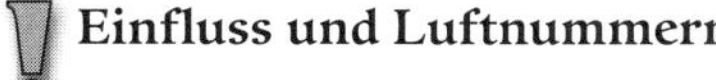

Einfluss und Luftnummern

Ein Unternehmen will ein neues Datennetz kaufen. Die verantwortliche IT-Abteilung bei diesem Unternehmen ist sehr groß und besteht aus vier Hierarchiestufen (Bereichsleiter, Abteilungsleiter, Gruppenleiter, Sachbearbeiter). Der Gruppenleiter spezifiziert die Lösung und ist maßgeblich in die Gespräche mit den potenziellen Lieferanten involviert. An den wichtigsten Gesprächen nimmt auch der Abteilungsleiter teil, der sich immer als sehr mächtig darstellt. Der Entscheider im Projekt ist der Bereichsleiter. Eine genaue Buying Center-Analyse ergibt allerdings, dass der Gruppenleiter den größten Einfluss auf die Kaufentscheidung hat. Danach folgen der Bereichsleiter und erst dann der Abteilungsleiter. Der Grund: Es gibt eine direkte Beziehung zwischen Gruppenleiter und Bereichsleiter, die bereits seit 15 Jahren gemeinsam im Unternehmen tätig sind. Der vermeintlich mächtige Abteilungsleiter ist eher eine „Luftnummer“.

Wer beeinflusst wen?

In jedem Unternehmen gibt es ein offizielles Organigramm, und in jedem Unternehmen gibt es Beziehungen zwischen den handelnden Personen. Genau um diesen Aspekt geht es nun. Wer hat welchen Einfluss auf wen im Buying Center? Wer kennt sich bereits sehr lange? Wer duzt wen? Wo gibt es Freundschaften oder gemeinsame

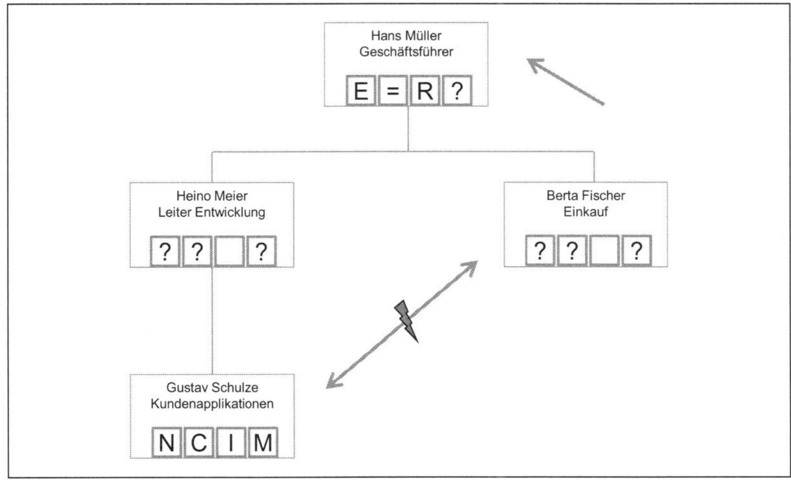

Abbildung 9: Power Map: Beziehungsnetz im Buying Center

private Aktivitäten? Zwischen welchen Menschen im Buying Center gibt es Animositäten? Wer kann wen nicht ausstehen? Warum?

In der Power Map werden diese Beziehungen durch Pfeile zwischen den Personen visualisiert. Wie stark der Einfluss ist, kann beispielsweise durch die Stärke der Linie visualisiert werden.

Buying Center – Selling Center Management

In den letzten Abschnitten wurde das Buying Center von der Kundenseite her intensiv analysiert. Jetzt lautet die Kernfrage, wer aus Ihrem Unternehmen mit wem aus dem Buying Center langfristig eine Beziehung aufbauen sollte? Diese Fragestellung liegt zugrunde, dass es auf der Lieferantenseite mehr als eine Kontaktperson für den Kunden gibt. In diesem Fall wird von einem Account Team oder auch Selling Center gesprochen.

Selling Center

... ist die Gruppe von Menschen auf der Anbieterseite, die in irgendeiner Art und zu irgendeinem Zeitpunkt in den Verkaufsprozess involviert ist. Wie im Buying Center auch wird diese Gruppe vornehmlich von internen Kräften besetzt. Zusätzlich können aber auch externe Personen eine entscheidende Rolle im Verkaufsprozess spielen.

Einige mögen jetzt einwänden, dass es ein derartiges Team bei ihnen gar nicht gibt. Sie sind doch als Verkäufer die alleinige Schnittstelle zum Kunden. Die Realität zeigt jedoch, dass meistens mehrere Personen regelmäßig und durchaus intensiv Kontakt zum Kunden haben. Dazu können zum Beispiel Mitarbeiter aus folgenden Bereichen gehören:

- Vertriebsinnendienst (Annahme von Einzelbestellungen oder Abrufaufträgen)
- After Sales und Serviceabteilungen, Installationskräfte
- Vertriebsmitarbeiter anderer Vertriebsregionen oder bei internationalen Kunden von ausländischen Tochtergesellschaften
- Vertriebsleiter, Bereichsleiter oder die Geschäftsführung, die sich zumindest im Rahmen der Jahresgespräche beim Kunden zeigen oder gar an wichtigen Vertragsverhandlungen teilnehmen wird
- Qualitätsmanagement: Insbesondere bei großen und langlaufenden Projekten oder im Rahmen von Lieferantenbewertungen gibt

es teilweise einen recht intensiven Kontakt der Mitarbeiter aus dem Qualitätswesen mit Schnittstellen beim Kunden.

Für die tägliche Praxis

Welche Mitarbeiter aus Ihrem Unternehmen haben bereits heute regelmäßig Kontakt zu Ihrem Kunden? Wie stellen Sie sicher, dass alle die „gleichen Botschaften“, das gleiche „Erscheinungsbild“, die „gleiche Strategie“ gegenüber dem Kunden vertreten?

In einigen Unternehmen wird die Auswahl der Kontaktpersonen stark durch Hierarchie und Funktion bestimmt: Einem CFO (Chief Financial Officer) auf Seiten des Kunden wird automatisch unser CFO als Hauptansprechpartner entgegengesetzt. Stellen Sie sich in diesem Zusammenhang bitte zwei Fragen, bevor Sie die Personen in Ihrem Unternehmen auswählen:

1. Passen die Hierarchiestufen wirklich zusammen? Nehmen Sie ein DAX-30-Unternehmen mit teilweise mehr als 100.000 Mitarbeitern. Wenn Ihr Unternehmen in der Größe von 300 Mitarbeitern liegt, so ist vielleicht Ihr Geschäftsführer der beste Ansprechpartner für einen Bereichsleiter auf der Kundenseite, der ebenfalls so viele Mitarbeiter unter sich hat. Ein Zugehen auf den Vorstand des Kunden wäre wahrscheinlich insbesondere für einen C-Teile-Lieferanten nicht angebracht.

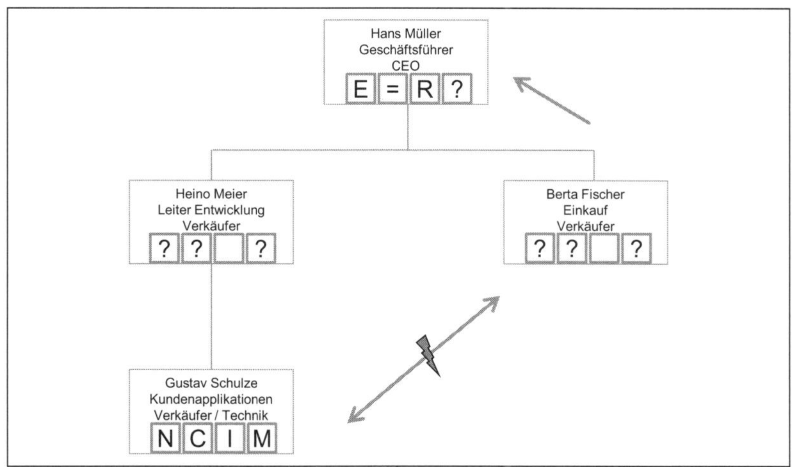

Abbildung 10: Power Map – Ihr Account Team/Selling Team

2. Berücksichtigen Sie auch Hobbys und andere „Soft Facts“? Ist Ihr CFO wirklich der richtige Ansprechpartner für den CFO auf der Kundenseite? Wie passen die beiden Personen menschlich zusammen? Haben sie gleiche Hobbys oder ein ähnliches Alter? Ist der CFO auf der Kundenseite vielleicht sehr technikbegeistert? Wenn dem so ist, wäre vielleicht Ihr CTO (Chief Technical Officer) der richtige Ansprechpartner.

Nachdem die gesamte Power Map erstellt ist, gilt es nun, notwendige Aktionen abzuleiten. Die Kernfragen dabei lauten:

1. Wen innerhalb des Buying Centers kennen Sie noch nicht?
2. Wird es vielleicht in nächster Zeit personelle Veränderungen auf der Kundenseite geben? Wie können Sie diese möglichen Veränderungen bereits heute in Ihre Vertriebsstrategie einbeziehen?
3. Sind alle Rollen im Buying Center vergeben? Welche Rollen fehlen?
4. Zu welchen Personen müssen Sie Ihre Kontakte intensivieren? Insbesondere die Menschen, die einen hohen Einfluss auf die Kaufentscheidung haben und zu denen Sie noch keine intensiven Kontakte pflegen, müssen jetzt verstärkt angesprochen werden.
5. Wer ist Ihr Unterstützer im Kundenunternehmen? Wie kann er Ihnen helfen, den Auftrag zu gewinnen?
6. Wer ist ein möglicher Feind? Warum ist diese Person Ihnen gegenüber feindlich eingestellt? Wie können Sie diesen Menschen mit seinem Einfluss umgehen?
7. Was muss getan werden, damit die Menschen aus dem Selling Team langfristig eine Beziehung zu den Personen im Buying Center aufbauen können?

Tipp

Binden Sie Ihr Management nicht nur einmal im Jahr in das obligatorische Jahresgespräch mit Ihren Kunden ein. So kann sich keine intensive Beziehung auf Ebene des Managements entwickeln. Zeichnen Sie sich einen Zeitstrahl von zwölf Monaten auf und versuchen Sie, regelmäßige Treffen mit dem Management zu organisieren. Dabei muss es sich nicht immer um einen Kundenbesuch handeln. Möglich sind hierbei auch kurze Messetermine oder die Teilnahme an denselben Kongressen.

Eine Vorlage für eine Buying Center-Analyse können Sie sich unter http://erfolgsfaktoren-im-b2b-vertrieb.de/ kostenlos herunterladen.

Für die tägliche Praxis

Erarbeiten Sie eine Buying Center-Analyse mit einer Power Map für ein aktuelles Projekt aus? Welche Maßnahmen bzw. Konsequenzen leiten Sie aus der Analyse ab?

Kapitel 5
Erfolgsfaktor Kundengespräch

Auf dem Weg zum Spitzenverkäufer

Spitzenverkäufer arbeiten anders als der Durchschnitt, indem sie

- gut vorbereitet und strukturiert in einen Kundentermin gehen. Sie verzichten in den ersten 20 Minuten des Gesprächs darauf, über die eigenen Lösungen zu sprechen!
- Spitzenverkäufer nutzen eine Unternehmenspräsentation gezielt zur Kunden-/Bedarfsanalyse, in der das gesamte Leistungsspektrum kurz vorgestellt und auf einer Seite grafisch darstellt wird. Daraus leiten Sie Fragen zu den Prozessen beim Kunden, bezogen auf einzelnen Leistungsbereiche, ab.
- Sie schließen eine Präsentation mit der Frage ab: „Was spricht aus ihrer Sicht für den Einsatz unserer Lösung, nachdem sie einen Überblick über unser Unternehmen und unser Produkt erhalten haben?“
- Nach jedem Kundentermin fragen sich Spitzenverkäufer, was heute Neues über den Kunden gelernt wurde. Denn gerade bei den Bestandskunden neigen viele Verkäufer dazu, immer weniger Fragen zum Kunden zu stellen wie zu anstehenden Veränderungen in der Organisation oder der Strategie.

Das kundenorientierte Verkaufsgespräch in acht Schritten ist das zentrale Werkzeug für erfolgreiche Kundengespräche:

- Schritt 1: Vertrauen aufbauen
- Schritt 2: Vorstellungsrunde
- Schritt 3: Rahmen setzen
- Schritt 4: Kunden-/Bedarfsanalyse
- Schritt 5: Zusammenfassung der Kunden-/Bedarfsanalyse
- Schritt 6: Aufzeigen möglicher Lösungsalternativen
- Schritt 7: Zusammenfassung und Vereinbarung der nächsten Schritte
- Schritt 8: Gespräch positiv beenden

Das Verkaufsgespräch mit einem Kunden ist immer noch das Herzstück der Verkaufsaktivitäten. Insbesondere im B2B-Geschäft gilt es, das Kundenproblem in einer relativ kurzen Zeit zu erfassen und verschiedene Ansprechpartner für sich und die vorgeschlagene Lösung zu begeistern. Während aber beim Verkauf an Endkunden die Kaufentscheidung meistens direkt im ersten Gespräch fällt, sind im Geschäftskundenumfeld sehr häufig mehrere Gespräche – auch über einen längeren Zeitraum – üblich.

Wir stellen immer wieder fest, dass viele Verkaufsgespräche in Informationsveranstaltungen enden: Verkäufer stellen mit Begeisterung das eigene Unternehmen mit seinem Angebotsspektrum vor; „Vertriebsingenieure“ informieren und beraten auf Detailebene. Der Kunde schaltet auch aufgrund der Vielzahl technischer Produktleistungsmerkmale ab. Im Verkaufsprozess kommt es zu keinem wirklichen Fortschritt. Fragen Sie sich, wen Sie bei einem Verkaufsgespräch in den Fokus stellen! Erfolgreicher Vertrieb setzt ein kundenorientiertes Verkaufsgespräch voraus, in dem wir den Kunden mit seinen Problemen und Zielen in den Mittelpunkt stellen und gleichzeitig den Verkaufsprozess im Blick haben.

Kundentermine	**Kundenorientierte Verkaufsgespräche**
... informieren über ein Produkt-, Service- oder Dienstleistungsportfolio.	... stellen das Projekt oder Problem des Kunden in den Mittelpunkt und lösen dieses durch den Einsatz des eigenen Produkt- und Dienstleistungsportfolios.
... enden meistens ohne verbindliche Aktionen bzw. nächste Schritte.	... haben das Ziel, die Verkaufschancen durch das Gespräch besser bewerten zu können und konkrete nächste Maßnahmen zu vereinbaren.
... zeichnen sich häufig dadurch aus, dass der Verkäufer viel spricht.	... zeichnen sich dadurch aus, dass der Verkäufer das Gespräch führt, der Kunde jedoch einen höheren Redeanteil hat.

Tipp

Nehmen Sie zu Ihrem nächsten Verkaufsgespräch weniger Unterlagen und PowerPoint-Folien mit. So zwingen Sie sich automatisch, stärker in den Dialog mit Ihrem Kunden zu treten. Schließlich leiten Sie für den Kunden eine spezifische Lösung Schritt für Schritt an einem Flipchart her. Ihr Kunde wird begeistert sein und kaufen!

Jedes Gespräch gliedert sich in die Phasen *Vorbereitung, Durchführung* und *Nachbearbeitung*. Sie werden im Folgenden mit zahlreichen Praxistipps beschrieben.

Vorbereitung

Der Unternehmensberater und Coach Hans Goldmann soll einmal gesagt haben, dass neun von zehn verlorene Geschäfte ihre Ursache in einer mangelnden Vorbereitung haben. Auch unsere Erfahrungen bestätigen das. Erfahrene Verkäufer wissen das und bereiten sich sehr gut auf ein Verkaufsgespräch vor.

Ihr Ziel oder wann ein Gespräch ein Erfolg ist

Wenn man Verkäufern die Frage stellt, welches Ziel sie mit einem anstehenden Termin verfolgen, kommen sie nicht selten ins Grübeln. Dabei ist die Zielsetzung der erste Grundstein für einen späteren Erfolg. Was wollen Sie mit dem Termin erreichen? Hier einige Beispiele:

- Am Ende des Gesprächs habe ich die Projekteckdaten des Kunden ermittelt (Termine, Budget, Ansprechpartner ...).
- Am Ende des Gespräches habe ich vom Kunden die Aufforderung erhalten, ein Angebot abzugeben.
- Am Ende des Gespräches habe ich die Beauftragung für eine Pilotinstallation erhalten.

Bestandskundenfalle: Auf einmal ist er weg

Sie sind bei einem Kunden, um neue Produkte vorzustellen, die für ihn von Interesse sein könnten. Da es sich um einen Bestandskunden handelt, haben Sie sich vor dem Gespräch nicht noch einmal mit dem Kunden befasst. Man kennt sich ja! Während des Termins erklärt Ihnen Ihr Kunde: „Wie Sie unserer Webseite und der Presse entnehmen konnten, haben wir ein Werk in Dänemark zugekauft und werden daher die gesamte Produktion dorthin verlagern. Daher bin ich für Ihre Lösung ab jetzt der falsche Ansprechpartner!" Sie schlucken nur kurz und nicken nach dem Motto: „Na klar, habe ich das gesehen!" Hätten Sie vor Ihrem Treffen die Webseite Ihres Kunden angeschaut, dann wären Sie darauf vorbereitet. Aber so wurden Sie kalt von der Nachricht überrascht.

Gerade bei Bestandskunden ist die Gefahr groß, dass Termine wahrgenommen werden, ohne sich noch einmal die Webseite und die Presseneuigkeiten des Kunden anzusehen!

Mit den folgenden Fragen können Sie sich diesem Teil der Vorbereitung widmen:

- Welche sind die wichtigsten Veränderungen beim Bestandskunden, die für Ihren Termin eine Rolle spielen können?
- Hat sich in der Positionierung des Kunden in seinem Marktumfeld etwas verändert?
- Was sind die drei wichtigsten Ziele des Unternehmens und welche Chancen/Risiken ergeben sich daraus für Sie und Ihr Geschäft? Hat es bei den Zielen des Kunden Veränderungen gegeben?
- Was wissen Sie über die Einkaufs-/Beschaffungsstrategie des Kunden und hat diese sich seit dem letzten Treffen verändert?

Die Menschen an der gegenüberliegenden Seite des Tisches

Bei einem Verkaufsgespräch werden Sie auf Menschen treffen, die aus verschiedenen Bereichen stammen und sich von verschiedenen Motiven leiten lassen. Wer ist also Ihr Gesprächspartner?

- Name/Funktion
- Was bewegt ihn? (Schmerzpunkt oder Ziele)
- Welchen Mehrwert können Sie ihm bieten?
- Welche Rolle spielt er im Kaufprozess?
- Wie ist er Ihnen gegenüber eingestellt?

Sie sollten sich möglichst auf jeden Teilnehmer der Kundenseite einstellen, denn im Verkaufsgespräch gilt es, für jeden eine Verkaufsstory (eine Kundennutzenargumentation) parat zu haben, die seine Interessen und Bedürfnisse trifft. Diese Story muss in die „Sprache" des jeweiligen Gesprächspartners übersetzt werden: Die „Sprache" des Logistikers ist eine andere als die eines Controllers. Stellen Sie sich darauf ein!

Die folgende Übersicht hilft Ihnen, einen wichtigen Termin gut vorzubereiten:

Name/ Funktion	**Was bewegt ihn? (Schmerzpunkt oder Ziele)**	**Wie tickt er als Mensch?**	**Mein Mehrwert/ Value Story?**	**Welche Rolle spielt er im Kaufprozess?**	**Einstellung zu mir**
F. Meier/ Einkauf	Muss die Anzahl der Lieferanten um x reduzieren.	Sehr strukturiert (blauer Verhaltenstyp)	Ich werde eine Artikelliste vorbereiten (Excel passt zu seinem Typ) und ihm aufzeigen, wie er durch Bündelung bei uns die Anzahl der Lieferanten mit mindestens zwei reduzieren kann.	Bei C-Teilen ist er der Entscheider.	? (Muss ich noch besser beobachten.)

Auch diese Checkliste können Sie unter http://erfolgsfaktoren-im-b2b-vertrieb.de/ herunterladen und gleich nutzen.

Tipp

Ihr Hauptansprechpartner auf Kundenseite ist in der Regel die beste Quelle, um erste Informationen über alle beteiligten Personen zu erhalten. Haben Sie den Mut, ihm eine Reihe von Fragen zu stellen!

Kernbotschaften auf den Punkt bringen

Sie haben einen Kundentermin vereinbart, an dem alle wichtigen Entscheidungsträger einschließlich der Geschäftsführung des Kunden teilnehmen werden. Kurzfristig sind beim Kunden aber andere wichtige Termine dazwischengekommen, weshalb die Geschäftsführung nicht die gesamte Zeit am Treffen teilnehmen kann.

Unsere Erfahrung hat gezeigt, dass es wichtig ist, bereits vor dem Termin die eigenen drei bis fünf Kernbotschaften für den Kunden zu formulieren. Wenn Sie Ihre Kernbotschaften parat haben, werden Sie Terminveränderungen nicht aus der Ruhe bringen. Auch wenn aus einem für drei Stunden angesetzten Termin nur ein zehnminütiges Gespräch wird, können Sie Ihrem Ansprechpartner die wesentlichen Kernaussagen kommunizieren.

Überschriften, die Lust auf mehr machen

Kundenpräsentationen haben in der Regel eine Überschrift. Dabei geht leider sehr häufig der Blick für den Kunden verloren. Statt verständlicher oder motivierender Formulierungen verpacken Anbieter Produktnamen oder sogar Abkürzungen in die Titel:

Lieferantenfokus	Kundenfokus
Apps für IP-basierte, virtuelle Konferenzen	Besprechungen bei XXX noch kostengünstiger und flexibler durchführen

Was fehlt für den nächsten Schritt?

In Vertriebscoachings stellen wir immer fest, dass insbesondere die Verkäufer erfolgreich sind, die sich in allen Bereichen systematisch vorbereiten. Dazu gehört zweifelsohne auch die Frage, welche Informationen Sie vom Kunden oder Interessenten benötigen, um im Verkaufsprozess einen Schritt weiterzukommen?

Verkäufer, die sich vor einem Termin keinen „Spickzettel“ mit den wichtigsten Schlagwörtern erstellt haben, laufen Gefahr, im Verkaufsgespräch wichtige Fragen zu vergessen.

Tipp

Stellen Sie Fragen zur Informationsbeschaffung nicht am Ende des Gesprächs, sondern passend im Gesprächsverlauf. Das Abarbeiten einer Checkliste am Ende eines Treffens kommt beim Kunden nicht immer gut an.

Um Ihr nächstes Verkaufsgespräch gezielt *vorzubereiten*, nutzen Sie die folgende Checkliste:

- ❑ Wie heißt das Unternehmen?
- ❑ Wann und wo findet der Termin statt?
- ❑ Was ist Ihr konkretes Ziel für dieses Gespräch? Was wollen Sie erreichen und warum?
- ❑ Wer wird/wer sollte auf der Kundenseite an dem Gespräch teilnehmen?
- ❑ Welche Rolle spielen diese Personen im Kaufprozess (siehe Buying Center-Analyse)?
- ❑ Was wissen Sie über diese Personen?
- ❑ Was möchte Ihr Kunde? Welche Erwartungen hat er/sie an diesen Termin?
- ❑ Wie strukturieren Sie das Gespräch? (Agenda)
- ❑ Welche Einwände könnte der Kunde vorbringen? Wie werden Sie diesen Einwänden begegnen?
- ❑ Wie lauten Ihre fünf Kernbotschaften (Nutzen) für jeden Teilnehmer? (Warum Sie/Ihr Unternehmen/Ihre Lösung?)
- ❑ Welche unterstützenden Materialien setzen Sie ein? (PowerPoint-Präsentation, Produktmuster, Katalog, ...)
- ❑ Welche Informationen wollen Sie vom Kunden erfragen? Welche Fragen müssen Sie noch stellen?
- ❑ Was muss bis wann getan werden, um diesen Termin vorzubereiten?

Diese Checkliste können Sie sich auch unter http://erfolgsfaktoren-im-b2b-vertrieb.de herunterladen.

Vier Tipps, wenn der Kunde zu Ihnen kommt

Sollte der Kunde Sie besuchen, dann haben Sie Gelegenheit, Ihr Unternehmen von der besten Seite zu zeigen. Damit Sie Ihren Kunden nachhaltig beeindrucken, empfehlen wir Ihnen fünf Praxistipps:

1. **Anfahrtsskizze und Parkplatz**
   Reist Ihr Kunde mit dem Auto an, so fügen Sie Ihrer Einladung und Terminbestätigung auch eine Anfahrtsskizze bei. Dieser Hinweis ist trotz Navigationssysteme in den meisten Fahrzeugen wichtig. Denn in dem „meisten" steckt schon die erste Ausnahme. Hat Ihr Unternehmen mehrere Werktore, braucht Ihr Kunde ebenfalls Unterstützung. Und wo kann er eigentlich parken? Gibt es überhaupt einen Parkplatz?
   Schaffen Sie bereits vor dem Gespräch eine positive Grundstimmung bei Ihrem Kunden!
2. **Der Empfang oder: Interessiert sich eigentlich jemand für mich?**
   Holen Sie Ihren Kunden persönlich am Empfang ab. Grundvoraussetzung dafür ist, dass die Damen und Herren vom Empfang wissen, wo sie Sie erreichen können. Insbesondere dann, wenn Sie noch die letzten Vorbereitungen im Besprechungsraum treffen und nicht am Arbeitsplatz erreichbar sind, gilt es, die Anrufweiterschaltung einzurichten oder sicherzustellen, dass der Empfang die Nummer kennt, unter der Sie zu erreichen sind.
   Eine gegebenenfalls notwendige Ausweiskarte und ein Schild mit seinem Namen liegt ebenfalls für Ihren Kunden bereit. Ersparen Sie es ihm, lästige Formulare auszufüllen. Durch das persönliche Namensschild hat Ihr Kunde das Gefühl, etwas Besonderes zu sein

Tipp

Insbesondere wenn Sie mehrere Personen von der Kundenseite erwarten, können Ihnen die vorgefertigten Namensschilder einen guten Dienst erweisen. Denn immer dann, wenn Sie noch nicht alle Ansprechpartner persönlich kennen, hilft Ihnen dieses kleine Namensschild dabei, Ihre Kunden persönlich mit Namen anzusprechen.

3. **Immer die gleichen Kekse**
   Geht es Ihnen als Verkäufer nicht auch so? Sie besuchen viele Kunden und mehr oder weniger gibt es überall die gleiche Verpflegung: Kaffee und eine von fünf Sorten Kekse. Hier können Sie Ihren Kunden überraschen und gleich für Gesprächsstoff sorgen:

- Bieten Sie regionale Spezialitäten an.
- Denken Sie an Tee, Wasser oder Säfte.
- Tauschen Sie Ihre Kekse gegen Müsliriegel aus.
- Servieren Sie Obst.

4. **Die letzten Kilometer und die Übernachtung**
   Wenn Ihr Kunde mit dem Flugzeug oder der Bahn anreist, dann lassen Sie ihn nicht allein mit der Frage, wie er die letzten Kilometer bewältigen soll. Holen Sie Ihn vom Flughafen oder Bahnhof ab. Bleibt Ihr Kunde über Nacht, dann unterstützen Sie ihn bei der Hotelsuche.

Terminbestätigung per E-Mail

Wenn sich Ihr Unternehmen mit den Attributen Qualität und Zuverlässigkeit schmückt, dann gilt das auch bei jedem Kontakt zu Ihrem Kunden. Dazu gehört auch eine schriftliche Terminbestätigung. Sie unterstreicht nachdrücklich Ihre zuverlässige Arbeitsweise. Aus dieser Erfahrung schließen Kunden übrigens auch gerne auf andere Prozesse in Ihrem Unternehmen. Kurzum: Sie sind das Aushängeschild Ihres Unternehmens.

Muster für eine Terminbestätigung via E-Mail

Sehr geehrte ...,

wie heute telefonisch vereinbart, bestätige ich Ihnen gerne unseren Gesprächstermin wie folgt:

Wann? Montag, 19.02.2018, 14:00 bis 16:00 Uhr

Wo? Bei Ihnen im Werk 2, Köln, Konrad-Adenauer-Straße 9

Themen?

- Aktueller Status Ihres Projektes (Herr Müller)
- Angebotspräsentation (Herr Sieck)
- Weitere Schritte in der Zusammenarbeit (Alle)

Um die Präsentation auf die Themen zu fokussieren, die Sie besonders interessieren, würde ich mich sehr freuen, wenn Sie mir bis zum 09.02.2018 eine Liste mit Ihren Fragen per E-Mail an h.sieck@sieck-consulting.de senden könnten.

Teilnehmer?

- M. Müller (Leiter Marketing)
- H. Sieck (Geschäftsführer SIECK consulting)

Haben Sie noch Rückfragen oder Anmerkungen zum Termin? Gerne stehe ich Ihnen telefonisch unter 07144 8985 27 oder per Email zur Verfügung.

Ich freue mich auf unser Gespräch und verbleibe bis dahin

Mit freundlichen Grüßen nach Köln

Ihr Hartmut Sieck

Diese E-Mail Vorlage können Sie sich unter http://erfolgsfaktoren-im-b2b-vertrieb.de herunterladen.

Die letzten fünf Minuten vor dem Termin

In den letzten Minuten vor dem Verkaufstermin heißt es noch einmal, tief durchzuatmen und dem eigenen Erscheinungsbild den letzten Schliff zu geben. Sofern Sie eine Präsentation mit Ihrem Computer vornehmen wollen, sollten Sie sicherstellen, dass die Präsentation geöffnet und Ihr Computer auf Stand-by steht. So können Sie das Verkaufsgespräch schneller beginnen.

Denken Sie vor dem Gesprächstermin noch einmal an ein positives Erlebnis mit der Familie, Freunden oder an einen erfolgreichen Geschäftsabschluss. Diese Gedanken geben Ihnen Selbstvertrauen und schaffen einen positiven Gesichtsausdruck. So wirken Sie überzeugend und sicher im Gespräch. Martin Limbeck, Verkaufstrainer und Speaker, hat das in seinem Buch *Nicht gekauft hat er schon* sehr gut auf den Punkt gebracht:

Überzeugung eines Top-Verkäufers:	Ich will.
Überzeugung eines mittelmäßigen Verkäufers:	Mal sehen, wie es läuft.
Überzeugung eines schlechten Verkäufers:	Hoffentlich geht das gut.
Überzeugung eines Verkäufers, der schleunigst seinen Beruf wechseln sollte:	Das wird sowieso nichts.

Das Verkaufsgespräch in acht Schritten

Beim einem kundenorientierten Verkaufsgespräch stellen Sie die Kundenbedürfnisse in den Mittelpunkt und gleichzeitig sicher, dass

Sie im Verkaufsprozess auch wirklich einen Schritt vorankommen. Kombinieren Sie diese beiden Ziele, dann führt das zu einem Gespräch mit folgender Struktur:

- Schritt 1: Vertrauen aufbauen
- Schritt 2: Vorstellungsrunde
- Schritt 3: Rahmen setzen
- Schritt 4: Kunden-/Bedarfsanalyse
- Schritt 5: Zusammenfassung der Kunden-/Bedarfsanalyse
- Schritt 6: Aufzeigen möglicher Lösungsalternativen
- Schritt 7: Zusammenfassung und Vereinbarung der nächsten Schritte
- Schritt 8: Gespräch positiv beenden

Die folgende Abbildung macht deutlich, dass nicht nur die Reihenfolge der einzelnen Schritte wichtig ist, sondern auch der Zeitrahmen, den Sie ihnen einräumen. Bei einem einstündigen Termin beginnt danach Ihre Präsentation frühestens nach 35 bis 40 Minuten! Überprüfen Sie doch einmal Ihre letzten fünf Termine. Wie schnell waren Sie im Präsentationsmodus? Wie lange haben Sie dem Kunden wirklich zugehört?

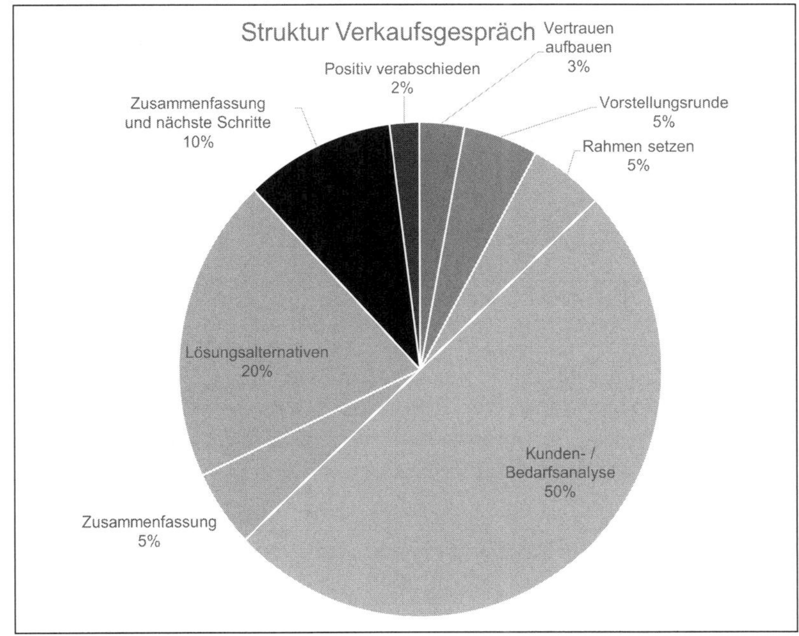

Abbildung 11: Verkaufsgespräch in acht Schritten

Schritt 1: Vertrauen aufbauen

Viele Verkäufer meinen, dass die ersten Minuten eines Termins für Smalltalk reserviert sein sollten. Doch aus unserer Sicht greift diese Aussage zu kurz. In einem kundenorientierten Verkaufsgespräch geht es zunächst darum, eine Vertrauensbasis aufzubauen. Smalltalk *kann* dabei das richtige Mittel sein. Sitzt Ihnen jedoch ein fakten- und zielorientierter Mensch gegenüber, wird ein knapp gehaltener Smalltalk viel vertrauensbildender sein.

Nutzen Sie die ersten Minuten mit dem Kunden auch dazu, um bereits Informationen von ihm einzuholen. Insbesondere im B2B-Geschäft liegen zwischen einer Terminvereinbarung und dem eigentlichen Termin nicht selten vier bis acht Wochen. In dieser Zeit kann sich viel verändern. Fragen Sie daher Ihren Ansprechpartner, ob und was sich in dem konkreten Projekt seit dem letzten Kontakt ergeben hat. Sehr häufig sind Sie in den ersten Minuten noch mit Ihrem Hauptansprechpartner allein. Nutzen Sie diese Zeit, um insbesondere inoffizielle Informationen zu erhalten.

Sollten nicht-angekündigte Teilnehmer dem Treffen beiwohnen, dann nutzen Sie diese Gelegenheit, um sich nach Veränderungen und der Rolle der neuen Teilnehmer im Kaufprozess zu erkundigen.

Tipp

Negative Äußerungen zur Tagespolitik, der Parkplatzsuche oder Problemen bei der Anfahrt sind tabu. Starten Sie mit positiven Themen und Ihr Gespräch wird positiver verlaufen!

Schritt 2: Vorstellungsrunde

In der offiziellen Agenda lautet der erste Punkt meistens „Begrüßung“. Der Gastgeber heißt den Gast willkommen, und die Schritte 2 (Vorstellungsrunde) und 3 (Rahmen setzen) werden durchlaufen. Damit die Begrüßung nicht zu einer belanglosen Geste wird (Visitenkarten austauschen), nutzen Spitzenverkäufer diese Zeit, *Wirkung* zu erzielen:

1. **Sie stellen sich mit Mehrwert vor**: (hier ein Beispiel für das Unternehmen HRS)
   „Mein Name ist Hartmut Sieck. Ich arbeite bei der Firma HRS. Gemeinsam mit meinen Kunden arbeite ich kontinuierlich an der Optimierung ihrer Hotelbuchungen, um Kosten und Zeit

zu sparen, flexibler zu werden und gleichzeitig einen Beitrag zur Mitarbeiterzufriedenheit und -sicherheit zu leisten."

2. **Sie starten gleich eine Buying Center-Analyse:**
   Sie haben zwar jede Menge Visitenkarten eingesammelt, wissen aber immer noch nicht, wer eigentlich an wen berichtet? Starten Sie Ihre Buying Center-Analyse bereits in der Vorstellungsrunde. Stellen Sie Fragen zur Organisation und der jeweiligen Rolle der Teilnehmer in diesem Projekt.
3. **Sie erfragen die Erwartungen des Kunden**
   „Was möchten Sie heute aus dem Termin mitnehmen?" „Was ist heute für Sie besonders wichtig?" Auf die Antworten dieser Fragen können Sie während Ihrer Produktpräsentation immer wieder eingehen. Schlagen Sie eine Brücke zu den Anforderungen und Bedürfnissen der einzelnen Teilnehmer und Sie haben sie schon fast für sich gewonnen.

Tipp

Legen Sie die Visitenkarten der Teilnehmer vor sich in der Reihenfolge ab, wie diese sitzen. Sollten Ihnen ein Name entfallen sein, können Sie jederzeit einen Blick auf seine Karte werfen.

Schritt 3: Rahmen setzen

Dieser Schritt besteht aus drei kleinen, aber wichtigen Details:

1. Was ist das Ziel des heutigen Termins? Was wird explizit ausgeklammert?
2. Bleibt es bei dem ursprünglich vereinbarten zeitlichen Rahmen?
3. Bleibt es bei der vereinbarten Agenda?

Schritt 4: Kunden-/Bedarfsanalyse

Sie fragen sich vermutlich, wann Sie denn nun Ihr Unternehmen vorstellen? Der potenzielle Kunde kennt uns doch noch gar nicht! Bedenken Sie immer, was für Kunden wirklich von Interesse sein kann. Dazu gehören sicherlich nicht bis zu 50-seitige Unternehmenspräsentationen. Wenn Sie Ihr Unternehmen vorstellen möchten, dann nutzen Sie einen kleinen, aber sehr wirkungsvollen Trick. Im Rahmen Ihrer Vorbereitung überlegen Sie sich fünf zentrale Aussagen zu Ihrem Unternehmen, die mindestens eine der beiden folgenden Kriterien erfüllen:

- **Kriterium 1:** Die Aussage hat für den Kunden eine hohe Relevanz und unterstreicht die Gemeinsamkeiten beider Unternehmen (bspw. beide Unternehmen agieren global oder sind gleich alt).
- **Kriterium 2:** Sie können Ihre Aussage für die Kunden-/Bedarfsanalyse nutzen: Sie haben beispielsweise das Leistungsspektrum Ihres Unternehmens auf einer Seite zusammengefasst. Während der Unternehmenspräsentation gehen Sie nur kurz auf das gesamte Leistungsportfolio sein, um stattdessen direkt Fragen zu den Prozessen und Abläufen beim Kunden bezogen auf einzelnen Leistungsbereiche zu stellen.

Tipp

Beginnen Sie doch einmal eine Präsentation mit der Frage, was der Kunde mit Ihrem Unternehmen verbindet. Oder wer von den Anwesenden schon einmal Kontakt mit Ihrem Unternehmen hatte. Viele Verkäufer scheuen diese Fragen, da sie befürchten, negative Dinge vom Kunden zu hören. Aber genau diese muss ein Verkäufer genauso kennen und in seiner Vertriebsstrategie berücksichtigen!

Einen Erfolgsfaktor bezüglich der Kunden- und Bedarfsanalyse sollten Sie kennen: Starten Sie immer mit „breiten" Fragen zum Unternehmen. Die spezifischen Fragen zu den Produkt- oder Lösungsanforderungen kommen am Ende. Die Erfahrung zeigt nämlich, dass es viel leichter ist, ein Gespräch vom Groben ins Detail zu führen, statt umgekehrt.

Die Reihenfolge typischer Fragen könnte beispielsweise so aussehen:

- Ebene 1 (zum Start)
  - Wie sehen Sie die Marktentwicklung ...?
  - Wo sehen Sie Ihr Unternehmen in drei Jahren?
- Ebene 2 (in der Mitte der Analyse)
  - Wie sieht der Prozess xy bei Ihnen heute aus?
  - Welche Anforderungen haben Sie an die Projektabwicklung?
- Ebene 3 (zum Schluss der Analyse)
  - Welche Anforderungen haben Sie an die Schnittstelle xy?
  - Welche Normen müssen beim Gerät xy erfüllt werden?

Schritt 5: Zusammenfassung der Kunden-/Bedarfsanalyse

Dieser Schritt wird in der Praxis sträflich vernachlässigt. Zum Abschluss der Kunden-/Bedarfsanalyse fassen Sie die Bedarfe noch einmal mit eigenen Worten zusammen und halten diese am besten gleich auf einem Flipchart fest. So können Sie sie noch einmal klar priorisieren und anschließend in Ihrer Präsentation möglicher Lösungsalternativen immer wieder die Brücke zu den Kundenanforderungen schlagen. Ein Beispiel dazu:

- „Lieber Kunde, habe ich Sie richtig verstanden, dass Sie im Bereich C-Teile-Management …
  a) die Bestellprozesse optimieren wollen, um so Prozesskosteneinsparungen von mindestens x% zu erreichen.
  b) die Verfügbarkeit der Artikelgruppen x, y und z zukünftig auch am Wochenende und an Feiertagen sicherstellen wollen.
  c) die Anzahl der Lieferanten weiter bündeln möchten."
- Antwort des Kunden: „Ja, das passt".
- „Lieber Kunde, wenn Sie diese drei Punkte in eine Reihenfolge bringen müssten, wie würden Sie diese anordnen?"
- Antwort des Kunden: „b a c"

Schritt 6: Aufzeigen möglicher Lösungsalternativen

Aufbauend auf den kundenspezifischen Anforderungen können Sie jetzt dem Kunden gezielt Lösungsoptionen aufzeigen. Nutzen Sie dazu ein Blatt Papier, ein Whiteboard oder ein Flipchart und erarbeiten Sie gemeinsam mit dem Kunden Stück für Stück die kundenspezifische Lösung. Verlassen Sie diese Phase des Gesprächs mit einer konkreten Lösung für den Kunden. Der Kunde hat das Gefühl, mit Ihnen genau den richtigen Partner gefunden, anstatt mit einem Lieferanten gesprochen zu haben, der „nur" eine Reihe von Produkten in der Hinterhand hat.

Tipp

Schließen Sie Ihre Lösungspräsentation einmal mit der Frage, was aus Sicht des Kunden für den Einsatz Ihrer Lösung spricht. Sie werden zwei bis drei Punkte genannt bekommen, die aus Kundensicht besonders attraktiv und interessant sind. Genau die nutzen Sie anschließend in Ihrem Angebot.

Schritt 7: Zusammenfassung und Vereinbarung der nächsten Schritte

In Vertriebstrainings erleben wir es regelmäßig, dass sich nur sehr wenige Verkäufer die Zeit nehmen, die Gesprächsergebnisse und die anstehenden Aktionspunkte zusammenzufassen und mit dem Kunden abzustimmen. Aber ohne eine klare Verbindlichkeit der nächsten Schritte überlassen Sie das Verkaufen dem Zufall. Der Kunde meldet sich oder auch nicht! Schaffen Sie deshalb am Ende des Gespräches eine Verbindlichkeit. Wiederholen Sie noch einmal die wichtigsten Aussagen, die stärksten Argumente und fassen die Ergebnisse sowie Aktionspunkte zusammen. Wer bekommt was von wem bis wann? Wie sieht der nächste konkrete Schritt aus, den beide Seiten vereinbart haben?

Denken Sie an n+1

Viele Verkäufer konzentrieren sich ausschließlich auf den nächsten Aktionspunkt: Im Gespräch wurde vereinbart, dass der Verkäufer dem Kunden ein Angebot bis Freitag nächster Woche zur Verfügung stellt. Spitzenverkäufer schauen aber schon einen Schritt weiter, auf den sogenannten n + 1 Punkt. Sie fragen bereits danach, bis wann die Unterlagen intern beim Kunden durchgesprochen werden, um einen optimalen Nachfasszeitpunkt (telefonisch oder persönlich) gemeinsam festlegen zu können.

Schritt 8: Gespräch positiv beenden

„Der erste Eindruck entscheidet, der letzte bleibt!"

Schließen Sie das Gespräch immer positiv ab. Danken Sie den Gesprächspartnern für ihr Interesse.

Nun folgt der Moment, in dem bereits die meisten Gesprächsteilnehmer auf Kundenseite den Raum wieder verlassen haben. Nur Ihr Hauptansprechpartner bleibt mit Ihnen im Raum und begleitet Sie anschließend wieder zum Empfang oder Parkplatz. Jetzt gilt es für Sie, wertvolle Informationen einzuholen! Denn nun haben Sie die Gelegenheit, eine persönliche Einschätzung Ihres Hauptansprechpartners zum Verkaufsgespräch zu erhalten. Er war derjenige, der mit Ihnen den Termin vereinbart und seine Kollegen zu diesem Termin eingeladen hat. Wie verlief das Gespräch aus seiner Sicht?

Mit dieser Einstiegsfrage bewegen Sie sich auf wichtige Informationen zu: zum Budget, zum Wettbewerb und zu den wahren Entscheidungskriterien des Kunden. Würden Sie diese Fragen im eigentlichen Gespräch vor der versammelten Mannschaft stellen, würde sich nur sehr selten jemand aus der Deckung herauswagen und zu diesen Punkten Stellung beziehen.

Nachbearbeitung

Der Termin ist geschafft, und Sie sind wieder in Ihrem Büro. Erfolgreiche Verkäufer starten nun mit der Nachbearbeitung ihres Besuchs.

Die E-Mail nach dem Gespräch

Bereits wenige Stunden nach dem Verkaufsgespräch können Sie auf der Sympathieebene bei Ihrem Kunden Punkte sammeln. Schicken Sie ihm eine kurze E-Mail und bedanken Sie sich bei ihm und seinen Kollegen für das interessante Gespräch. Fassen Sie die Ergebnisse und die vereinbarten Aktionspunkte noch einmal zusammen.

Tipp

Nicht selten haben Verkäufer und Kunde eine unterschiedliche Wahrnehmung des Gesprächs und dessen Ergebnisse. Fassen Sie aber die Kernpunkte in einer E-Mail zusammenfassen, wird Ihr Kunde für Klarheit sorgen.

Versuchen Sie einmal, eine E-Mail nicht mit der üblichen Formulierung „Mit freundlichen Grüßen“ zu beenden. Bewegen Sie sie mehr in Richtung des Kunden: „Mit freundlichen Grüßen nach ...“ Der Kunde und sein Standort stehen jetzt im Mittelpunkt.

Aktionspunkte und nächste Schritte

Insbesondere in der Nachbearbeitung gilt es, durch Zuverlässigkeit und Pünktlichkeit gegenüber dem Kunden zu glänzen und ihm das Gefühl zu geben, dass Sie ein ernsthaftes Interesse an einer Zusammenarbeit haben. Das ist doch selbstverständlich, oder? Leider nicht! Vereinbarte Termine werden nicht eingehalten, Versprechungen erweisen sich als Luftnummern. Ein Vertrauen zum Verkäufer und seinem Unternehmen kann so nicht entstehen. Arbeiten Sie deshalb die vereinbarten Aktionspunkte ab. Darüber hinaus sollten alle gewonnen Informationen über den Kunden in das CRM-System eingepflegt werden, damit diese Ihnen auch einige Wochen und Monate später noch zur Verfügung stehen.

Tipp

Wenn Sie einen vereinbarten Termin nicht einhalten können, dann melden Sie sich rechtzeitig oder spätestens zum vereinbarten Termin bei Ihrem Kunden, um ihn über die Verzögerung zu informieren. Der dann neu genannte Termin muss aber unbedingt eingehalten werden.

Kapitel 6
Erfolgsfaktor Social Media im B2B

Auf dem Weg zum Spitzenverkäufer

Spitzenverkäufer arbeiten anders als der Durchschnitt, indem sie

- die Möglichkeiten von sozialen Netzen, wie Xing oder LinkedIn, nutzen, um mehr über die Ansprechpartner beim (potenziellen) Kunden und ihre Interessen zu erfahren.
- Facebook und Youtube als eine Informationsquelle über ein Kundenunternehmen verwenden.

Ihr zentrales Werkzeug ist die systematische Profilanalyse, denn sie bietet zahlreiche Informationen zu Ansprechpartnern in (potenziellen) Kundenunternehmen, wie:

- ❑ Bild, Geburtstag, Position und Interessen des Ansprechpartners
- ❑ Beruflicher Werdegang
  - Seit wann macht er/sie diesen Job bereits?
  - Welche Positionen hat der Ansprechpartner bereits bekleidet?
  - Wie häufig wechselt sie oder er seinen Job?
- ❑ Gibt es Gemeinsamkeiten zwischen dem Ansprechpartner und Ihnen?
- ❑ Kontakte des Ansprechpartners
  - Alternative a: Sie kennen den Ansprechpartner schon.
    Hat der Ansprechpartner in seinem Netzwerk vielleicht interessante Kontakte, die für Sie geschäftlich wertvoll sein könnten?
  - Alternative b: Sie kennen den Ansprechpartner noch nicht.
    Hat der Ansprechpartner in seinem Netzwerk vielleicht Kontakte, die Sie bereits kennen? Wenn ja, könnten Sie diese vielleicht nutzen, um mit dem Ansprechpartner in Kontakt zu kommen?

Es ist schon fast unglaublich, aber wir schreiben das Jahr 2017 und noch immer diskutieren wir über den Sinn und Unsinn von sozialen Netzwerken im B2B-Umfeld. Bei Trainings und Veranstaltungen gibt es immer noch zwei (gleich große) Lager. Die eine Hälfte nutzt XING, LinkedIn und andere Netzwerke genauso selbstverständlich wie die Zahnbürste. Die andere Hälfte hat es irgendwann einmal ausprobiert und nicht weiterverfolgt oder scheut soziale Netzwerke wie der Teufel das Weihwasser.

Informationsquellen über Ansprechpartner

XING

Das soziale Netzwerk XING hat nach eigenen Angaben ungefähr 12 Millionen Mitglieder[3] aus der Region Deutschland, Österreich, Schweiz. Diese Zahl hört sich zunächst einmal gar nicht so groß an, aber das täuscht. XING bezeichnet sich selbst als „das soziale Netzwerk für berufliche Kontakte" und genau darauf kommt es ja an im B2B-Vertrieb. Hier gibt es jede Menge Informationen zu Ansprechpartnern aus großen Industrieunternehmen, Mittelständlern oder zu Wettbewerbern. Um die erweiterten Suchfunktionen von XING nutzen zu können (bspw. eine kombinierte Suchabfrage nach Siemens und Einkauf) empfehlen wir die Premium-Mitgliedschaft.

Welche nützlichen Informationen stehen Ihnen auf XING zur Verfügung? Hier eine kleine Checkliste:

- Bild des Ansprechpartners: Somit können Sie sich schon *vor* dem ersten Treffen buchstäblich ein erstes Bild von Ihrem Ansprechpartner machen.
- Titel: Welche genaue Funktionsbezeichnung hat Ihr Ansprechpartner?
  Diese Information ist aus zwei Perspektiven sehr interessant. Einerseits können Sie über die Suchfunktion die richtigen Ansprechpartner finden, zum Beispiel „Einkauf und Firma xy". Andererseits finden Sie meistens detailliertere Informationen als nur Einkauf, „Strategischer Einkauf für IT, Fahrzeuge und Dienstleistungen". Der Einkäufer deckt in diesem Fall ein relativ großes Einkaufsfeld ab. In welchem der drei Bereiche hat er seine Kernkompetenzen? Welcher Bereich ist für ihn vom Einkaufsvolumen her der wichtigste? Versuchen Sie diese Fragen in Ihrem nächsten Termin zu klären. Sie erhalten ggf. wichtige Informationen über anstehende Verhandlungen.
- Ich biete/Ich suche: Wir haben schon XING-Profile gesehen, die in diesem Bereich sehr detailliert beschrieben haben, wie sie verhandeln: „Ich biete Erfahrung im Einkauf basierend auf der Vergabe mit Auktionen."

---

[3] Quelle: www.xing.de (abgerufen am 07.04.2017).

- Berufserfahrung:
  - Seit wann übt sie oder er diesen Job bereits aus?
  - Welche Positionen hat der Ansprechpartner bereits bekleidet? In welchen Unternehmen war er/sie vorher beschäftigt? Können Sie diese Unternehmen ggf. als Einstiegsreferenz nutzen? Oder kann Ihnen sogar etwas „auf die Füße fallen", da es sich um einen nicht-zufriedenen Kunden handelt?
  - Wie häufig wechselt der Ansprechpartner seinen Job? Wie wahrscheinlich ist es, dass sie oder er demnächst wieder eine neue berufliche Herausforderung suchen wird?
- Ausbildung: Haben Sie und der Ansprechpartner irgendwelche Gemeinsamkeiten bzgl. der Ausbildung (z. B. gleiche Hochschulen, gleich Ausbildungsstädte, …).
- Interessen: Haben Sie irgendwelche Gemeinsamkeiten was Hobbies und Interessen angeht. Könnte sich hier vielleicht sogar ein Türöffner verbergen?
- Persönliches: Wenn Sie sich mit dem Ansprechpartner vernetzt haben, finden Sie hier auch Informationen zu seinem Geburtstag! Einfacher kann man diese Info heute gar nicht bekommen.
- Kontakte des Ansprechpartners:
  - Alternative a: Sie kennen den Ansprechpartner bereits.
    Hat er in seinem Netzwerk vielleicht interessante Kontakte, die für Sie geschäftlich wertvoll sein könnten? Würde Sie Ihr Ansprechpartner bei der Kontaktanbahnung unterstützen?
  - Alternative b: Sie kennen den Ansprechpartner noch nicht.
    Verfügt der Ansprechpartner in seinem Netzwerk über Kontakte, die Sie bereits kennen? Sie könnten diese nutzen, um mit dem Ansprechpartner in Kontakt zu kommen.

LinkedIN

Was XING für den deutschsprachigen ist LinkedIn für den weltweiten Bereich. Ende 2016 lag die Zahl der Mitglieder bei mehr als 450 Millionen! Die Profilanalyse geschieht dabei analog zur XING-Analyse.

Facebook

Während XING und LinkedIn auf die beruflichen Kontakte fokussiert sind, stellen Menschen auf Facebook üblicherweise ihr privates Profil ein. Ausnahme sind Betreiber eigener Fanpages. Ist Facebook damit automatisch unwichtig für das B2B-Geschäft? Wir meinen nein. Einen bekannten Einkäufer konnten wir beispielsweise auf Facebook finden. Viele seiner Bilder und Posts verrieten, was dieser Einkäufer gerade so treibt: Er war gerade in Asien unterwegs und besuchte dort augenscheinlich einige Werke der Wettbewerber des Lieferanten. Eine wichtige Information, wie wir finden! Darüber hinaus sind viele jüngere Menschen noch vorrangig auf Facebook zu finden, eine gute Plattform, um sich über Ansprechpartner zu informieren oder sich auch mit diesen zu vernetzen.

Informationsquellen über das Unternehmen

Um sich über ein Unternehmen zu informieren, sind Facebook und Youtube durchaus interessante Quellen. Wie positioniert sich das Unternehmen in sozialen Netzen? Welche Neuigkeiten über das Unternehmen werden in den Netzen zurzeit geteilt. So gelangen Sie an Informationen, die vor noch nicht zu langer Zeit nur Presseleuten zugängig waren.

Denkanstoß

Nehmen wir an, Sie beliefern ein Unternehmen mit Fahrzeugen. Ihr Kunde präsentiert sich selbst mit Imagevideos in sozialen Netzen. Und natürlich sind dabei auch Fahrzeuge zu sehen. Welche Marke würden Sie bei in diesen Videos Ihres Kunden gerne sehen? Klar, oder? Vielleicht können Sie sogar Ihren Kunden bei der Erstellung solcher Imagevideos unterstützen, da er ggf. selbst nicht über das notwendige Wissen verfügt. Sehr gut hat das die Firma DORMA bereits vor einigen Jahren gemacht. Das Unternehmen hat seine Kunden (mittelständische Fachhändler und Glasereien) dabei unterstützt, professionelle Imagevideos zu erstellen. Welche Marke mehrfach im Video zu sehen war, dürfte auch klar sein. Auch das gehört für uns zu einem modernen B2B2C- bzw. Account Management dazu.

Kapitel 7
Erfolgsfaktor Kundennutzen

Auf dem Weg zum Spitzenverkäufer

Spitzenverkäufer arbeiten anders als der Durchschnitt, weil sie wissen,

- dass ein Produkt oder eine Dienstleistung ihren Kunden erst dann von Nutzen ist, wenn die Kunden dadurch ihre Geschäftsziele erreichen oder übertreffen können.
- Ein Problem existiert immer dann, wenn der Kunde ein Ziel hat, sich aber nicht in der Lage sieht, dieses Ziel aus eigener Kraft zu erreichen. Für die Arbeit des Vertriebs heißt das: Ohne Ziel kein Problem, ohne Problem keine Möglichkeit, Kundennutzen zu schaffen.
- In einer aufsehenerregenden Untersuchung haben Daniel Kahnemann und Amos Twerski schon Ende der 1980er-Jahre nachgewiesen, dass Menschen einen möglichen Verlust ungleich höher bewerten als einen möglichen Gewinn. Für den Verkäufer heißt dies zweierlei.
  1. Um den Kunden zum Verlassen des Status quo zu bewegen, muss der Verkäufer dem Kunden subjektiv einen Vorteil bieten, der die Werteinschätzung seiner derzeitigen Situation um mindestens das Zweifache übersteigt.
  2. Es ist für den Verkäufer besser, die Vorzüge seiner Lösung nicht in Form von realisierten Gewinnen als vielmehr in Form vermiedener Verluste darzustellen.
- Spitzenverkäufer kennen den Ankereffekt, der beschreibt, dass sich Menschen bei Bewertungen (in unserem Fall der Wert eines Angebots) in der Regel an zugänglichen Vergleichsgrößen orientieren.

Mit einem 5-stufigen Vorgehen verfügen Spitzenverkäufer über ein Werkzeug, um den Nutzen systematisch zu erarbeiten:

1. Wer genau ist Ihr Kunde?
2. Welche Ziele verfolgt dieser Kunde?
3. Welche Geschäftsinitiativen muss der Kunde umsetzen, um seine Ziele zu erreichen?
4. Mit welcher Lösung können Sie den Kunden unterstützen, damit er seine Ziele erreicht?
5. Welchen Nutzen liefern die Leistungsmerkmale Ihrer Produkte für die Zielerreichung des Kunden?

Eine gute Nutzenkommunikation umfasst 5 Schritte:

1. Sie beschreibt die Situation, in der sich der Kunde derzeit befindet.
2. Sie zeigt in der Sprache des Kunden auf, welche messbaren negativen Konsequenzen das Beibehalten der Ist-Situation hätte.
3. Sie erläutert die Lösung und deren Leistungsmerkmale.
4. Sie verdeutlicht in der Sprache des Kunden, welchen messbaren Nutzen die Implementierung der Lösung verspricht.
5. Sie gibt Auskunft darüber, welche Risiken der Nutzenrealisierung entgegenstehen können und wie diese ggf. umgangen werden können.

Nun ja, der Kundennutzen

Wenige Begriffe werden in der Vertriebssprache häufiger verwendet als der Begriff Kundennutzen. Und nur wenige Begriffe werden so oft falsch verwendet! Nutzen bringt ein Produkt Ihrem Kunden dann, wenn es den Kunden in die Lage versetzt, seine Geschäftsziele zu erreichen oder zu übertreffen. Leistungsmerkmale wie „10 PS mehr", „20 % weniger Energieverbrauch", „höhere Rechnerleistung und Speicherkapazität" stellen also per se keinen Kundennutzen dar. Sie werden erst dann zu einem Nutzen, wenn die 10 PS mehr die gewünschte Maximalgeschwindigkeit von 210 km/h erreichen helfen.

Wie schaffen wir Kundennutzen?

Die notwendige Voraussetzung, um Kundennutzen zu schaffen, ist das Vorhandensein eines Problems auf der Kundenseite. Ein Problem existiert immer dann, wenn der Kunde ein Ziel hat, sich aber nicht in der Lage sieht, dieses Ziel aus eigener Kraft zu erreichen. Kunden kaufen, weil sie ihre Ziele nur mit den Produkten oder Dienstleistungen von Dritten (Verkäufern) erreichen können. Der Kaufprozess ist also ein teambasierter Problemlösungsprozess, der immer dem gleichen Muster folgt: Beim Auftreten eines Problems gilt es zunächst, die Ist-Situation gegen die angestrebte Soll-Situation abzuwägen. Im nächsten Schritt muss überlegt werden, ob die Abweichung signifikant genug ist, um eine Investition zu rechtfertigen. Danach werden Konzepte zur Schließung der Lücke zwischen angestrebtem Soll- und Ist-Zustand entwickelt. Schließlich wird die ausgewählte Lösung implementiert.

Entlang dieses Problemlösungsprozesses bieten sich dem Verkäufer vielfältige Möglichkeiten, Mehrwert und Nutzen für den Kunden zu generieren. So fehlt es dem Kunden oft an Erfahrung, Personal, Prozessen und Know-how, um eine sorgfältige Eingrenzung des Problems zu bewerkstelligen, was für den Verkäufer eine erste Möglichkeit zur Nutzengenerierung schafft. Im weiteren Verlauf sind es Fragen zum Design der Lösung, ihre Chancen und Risiken sowie Überlegungen zur effektiven Implementierung und effizienten Nutzung der Lösung. Jeder dieser Punkte bietet für sich genommen Chancen, um Kundennutzen zu schaffen, der über den intrinsischen Nutzen der eigentlichen Lösung hinausgeht.

Erfolgreicher Mehrwert- oder Nutzenverkauf beginnt daher immer mit der Analyse und dem tieferen Verständnis der Geschäftsziele Ihres Kunden. Hinter dieser Aussage verstecken sich fünf Fragen:

1. Wer genau ist Ihr Kunde?
2. Welche Ziele verfolgt er?
3. Welche Geschäftsinitiativen muss der Kunde umsetzen, um seine Ziele zu erreichen?
4. Mit welcher Lösung können Sie den Kunden unterstützen, damit er seine Ziele erreicht?
5. Welchen Nutzen liefern die Leistungsmerkmale Ihrer Lösung für die Zielerreichung des Kunden?

1. Wer genau ist Ihr Kunde?

Auf diese Frage wird gewöhnlich recht lapidar mit Firmennamen geantwortet: BMW, Siemens, Würth ... Wir meinen, dass das keine hilfreichen Beschreibungen eines Kunden sind, vor allem nicht im Kontext des Kundennutzens. Kunden sind nach unserem Verständnis eine Person, ein Bereich oder die Geschäftseinheit, die mit unserer Hilfe seine Geschäftsziele erreichen kann. Wenn wir Server an BMW verkaufen, dann ist die IT-Abteilung von BMW unser Kunde.

Wenn wir Softwaremodule für die Automation verkaufen, dann können die Fertigungsleiter bei Siemens unsere Kunden sein. Es geht um die exakte Bestimmung unseres Kunden und – wo notwendig – auch dessen Kunden.

2. Welche Ziele verfolgt der Kunde?

Ist der Kunde bestimmt, müssen dessen Ziele genau analysiert werden. Bei der Ausformulierung und Analyse von Kundenzielen hilft die SMART-Regel. Danach sind Ziele spezifisch, messbar, attraktiv, realistisch und zeitgebunden (time) zu formulieren.

In diesem Sinne ist eine Zielformulierung wie „Ich möchte den Marathon in Frankfurt laufen" nicht SMART. „Im Oktober des nächsten Jahres möchte ich den Frankfurt-Marathon in einer Zeit von unter 4 Stunden laufen" ist smarter.

Nachdem also im ersten Schritt der Kunde exakt bestimmt wurde, geht es hier um die konkrete Formulierung der Kundenziele.

3. Welche Geschäftsinitiativen muss der Kunde umsetzen, um seine Ziele zu erreichen?

Sind die Ziele des Kunden SMART formuliert, können Sie Annahmen zu möglichen Herausforderungen ableiten, denen sich Ihr Kunde stellen muss, wenn er seine Ziele erreichen möchte. Die SWOT-Analyse ist dafür eine hilfreiche Methode.

In der SWOT-Analyse werden externe Chancen und Risiken, die außerhalb des Einflussbereiches des Kunden und damit nicht direkt durch ihn gesteuert werden können, den internen Stärken und Schwächen, also den Faktoren, auf die der Kunde direkten Einfluss hat, gegenübergestellt.

Dieses SWOT-Werkzeug können Sie sich unter http://erfolgsfaktoren-im-b2b-vertrieb.de/ herunterladen.

Konzentrieren Sie sich zu Beginn auf die externen Realitäten und analysieren Sie, welche Chancen Ihr Kunde nutzen kann, um seine Ziele zu erreichen, und welche Risiken er minimieren muss, wenn er seine Ziele erreichen möchte.

Folgende Punkte sollten Sie bei Ihrer Analyse berücksichtigen:

- Wirtschaft und Marktentwicklung
- Änderungen im regulatorischen Umfeld
- Wettbewerb
- Zuliefer- und Kundensituation

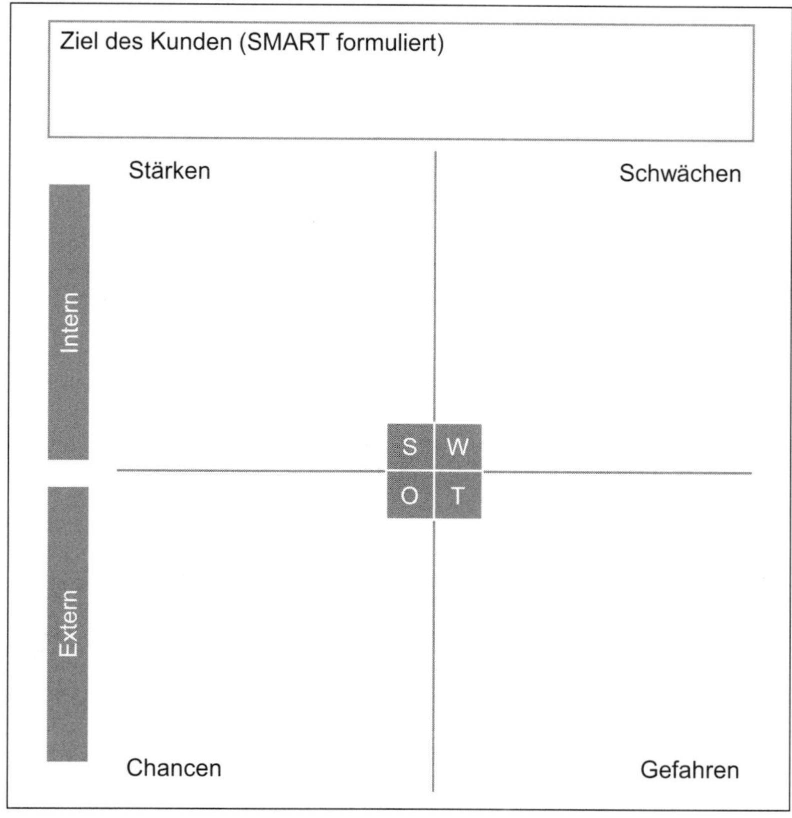

Abbildung 12: SMARTES Ziel des Kunden und die SWOT-Analyse

- Neue Produkte/Lösungen
- Substitution

Im zweiten Schritt geht es um die Analyse interner Realitäten, also um Gegebenheiten, die der Kunde steuern kann. Es gibt Stärken, die er für seine Zielerreichung nutzen kann, oder Schwächen, an denen er arbeiten muss, wenn er sein Ziel erreichen möchte.

Mögliche Felder, die untersucht werden können, sind:

- Prozesse
- Kostenstrukturen
- Organisation
- Qualität der Produkte
- Qualität der Serviceleistungen
- Managementkompetenz
- Qualifikation der Mitarbeiter

- Finanzielle Ausstattung
- Innovationskraft
- Umsetzungsvermögen

Für eine erfolgreiche SWOT-Analyse ist es wichtig, die Chancen und Risiken sowie Stärken und Schwächen immer in Bezug zu den vorab definierten Zielen des Kunden zu setzen.

Im nächsten Schritt leiten Sie aus der SWOT-Analyse konkrete Aktivitäten Ihres Kunden ab. Stellen Sie hierzu die erarbeiteten Chancen und Risiken sowie Stärken und Schwächen in einer Konfrontationsmatrix gegenüber und fragen Sie sich:

1. Auf welche Stärken kann Ihr Kunde zurückgreifen, um die sich ihm bietenden Chancen zu nutzen?
2. Welche Schwächen muss Ihr Kunde angehen, wenn er die sich ihm bietenden Chancen nutzen will?

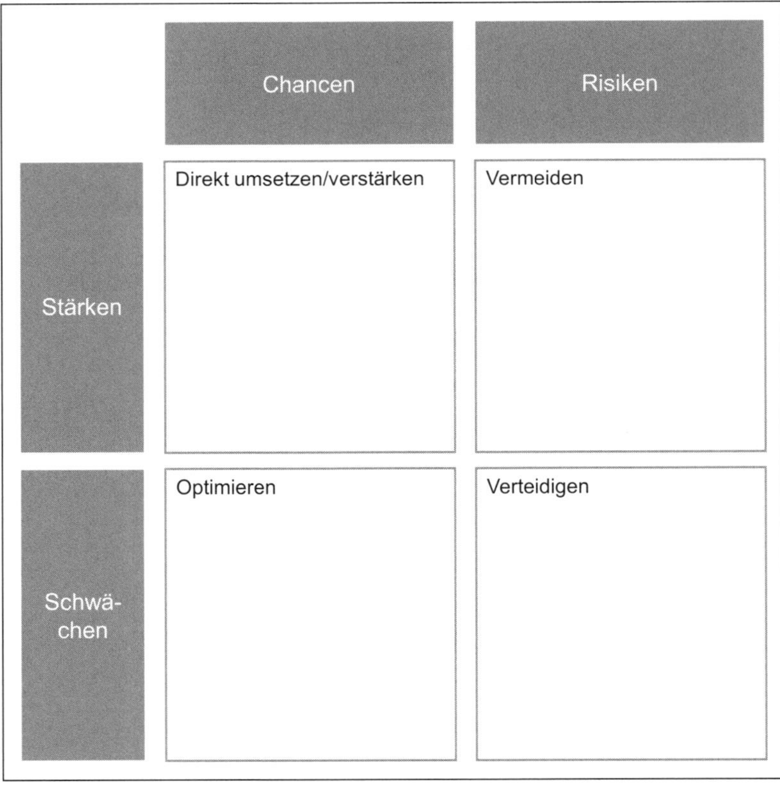

Abbildung 13: SWOT-Konfrontationsmatrix

3. Welche Stärken kann Ihr Kunde nutzen, um etwaigen Risiken zu begegnen?
4. Welche Schwächen muss Ihr Kunde beseitigen, damit sich etwaige Risiken nicht realisieren?

Diese Konfrontationsmatrix können Sie sich ebenfalls unter http://erfolgsfaktoren-im-b2b-vertrieb.de/ herunterladen.

Aus den Antworten auf diese vier Fragen können Sie jetzt Annahmen für mögliche Geschäftsinitiativen Ihres Kunden ableiten. Diese Geschäftsinitiativen bilden den Ausgangspunkt für Überlegungen, wie Sie Nutzen für den Kunden schaffen können.

Tipp

Denken Sie immer daran, dass die Ergebnisse der SWOT-Analyse und die daraus gezogenen Schlüsse nur Ihre Annahmen sind, solange Sie diese nicht mit dem Kunden verifiziert haben. Es besteht immer die Möglichkeit, dass der Kunde sowohl Geschäftsziele als auch mögliche Initiativen völlig anders bewertet.

4. Mit welcher Lösung können Sie den Kunden unterstützen, damit er seine Ziele erreicht?

Indem Sie die Ziele des Kunden und seine darauf gerichteten Initiativen mit den Leistungsmerkmalen Ihres Lösungsportfolios kombinieren, können Sie jetzt eine Lösung skizzieren.

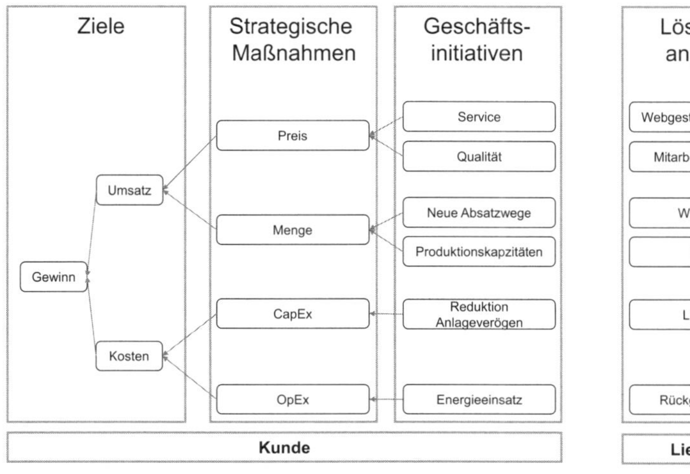

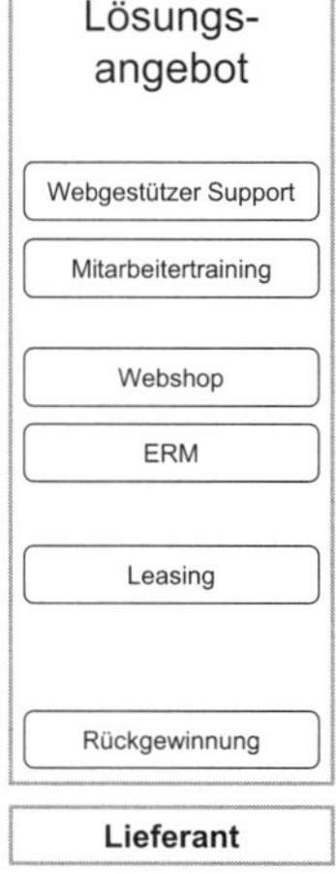

Abbildung 14: Vom Leistungsangebot zum wahren Wert für den Kunden

Dieses Werkzeug können Sie sich unter http://erfolgsfaktoren-im-b2b-vertrieb.de/ herunterladen.

5. *Welchen Nutzen liefern die Leistungsmerkmale Ihrer Lösung für die Zielerreichung des Kunden?*

Haben Sie die Lösung und ihre Leistungsmerkmale spezifiziert, möchte Ihr Kunde jetzt drei Fragen von Ihnen beantwortet haben:

1. **Wie groß ist der von Ihnen versprochene Nutzen?**
   Da Nutzen immer das Ergebnis der Gegenüberstellung von Aufwendungen und Erträgen ist, können Sie seine Größe wie folgt beeinflussen:
   a. Sie können dem Kunden helfen, den Aufwand für die Beschaffung, die Implementierung sowie den Betrieb der Lösung zu verringern.
   b. Sie können dem Kunden helfen, den Wertbeitrag der Lösung während Ihrer Einsatzzeit zu erhöhen.
2. **Wie lange dauert es, bis die versprochenen Nutzenpotenziale Wirkung zeigen?**
   Hier geht es zum einen um die Frage, wie schnell Sie die Lösung beim Kunden implementieren können, andererseits darum, wie lange der Kunde braucht, bis er beim täglichen Einsatz Ihrer Lösung 100 % des von Ihnen versprochenen Nutzen realisieren kann.
3. **Wie sicher kann der Kunde sein, dass die erwarteten Nutzenpotenziale realisiert werden?**
   Hier müssen Sie aufzeigen, welche Maßnahmen dem Kunden helfen, sicherzustellen, dass tatsächlich das gesamte Nutzenpotenzial der Lösung realisiert werden kann.

Wie kommunizieren Sie Kundennutzen?

Der Aufwand, den Sie tätigen, um für Ihre Kunden Nutzenpotenziale zu erschließen, ist vergeblich, wenn es Ihnen nicht gelingt, den Wertbeitrag an den Kunden zu kommunizieren. Hier geschehen in der Praxis immer wieder gravierende Fehler.

Der häufigste und zugleich schwerwiegendste Fehler ist, dass Verkäufer den Kundennutzen, den die Lösung bringt, mit den Differenzierungsmerkmalen, also den Bestandteilen des Produktes, das es von denen der Konkurrenz unterscheidet, verwechseln.

- Kommunikation von Kundennutzen hilft dem Kunden, die Frage zu beantworten, warum es sich lohnt, zu investieren. Warum der

Kunde den Status quo ändern soll, ist also die Intention. Diese Frage muss der Kunde am Anfang des Problemlösungsprozesses/ Kaufprozesses beantworten.
- Kommunikation von Differenzierungsmerkmale hilft dem Kunden dagegen zu verstehen, warum er Ihr Produkt und nicht das der Konkurrenz erwerben soll. Dabei handelt es sich um eine Frage, die der Kunde erst viel später im Kaufprozess, nämlich bei der Auswahl der geeigneten Lösung, beantworten muss.

Eine **gute Nutzenkommunikation umfasst 5 Schritte:**

1. Sie beschreibt die Situation, in der sich der Kunde derzeit befindet.
2. Sie zeigt in der Sprache des Kunden auf, welche messbaren negativen Konsequenzen das Beibehalten der Ist-Situation hätte.
3. Sie erläutert die Lösung und deren Leistungsmerkmale.
4. Sie verdeutlicht in der Sprache des Kunden, welchen messbaren Nutzen die Implementierung der Lösung verspricht.
5. Und sie gibt Auskunft darüber, welche Risiken einer Nutzenrealisierung entgegenstehen können und wie diese gegebenenfalls umgangen werden können.

Wie die Angst vor Verlusten hilft, um unseren Kundennutzen attraktiver erscheinen zu lassen

Gute Nutzenkommunikation berücksichtigt auch, dass jeder Kauf eine Veränderung des Status quo bedeutet. Veränderung heißt für den Kunden immer, etwas Bestehendes zugunsten von etwas Neuen aufzugeben. Bestehendes aufgeben, heißt letztendlich nichts anderes, als einen Verlust zu realisieren. Diese Tatsache bietet Ihnen Chance und Risiken zugleich. In ihrer aufsehenerregenden Untersuchung haben Daniel Kahnemann und Amos Twerski schon Ende der 1980er-Jahre nachgewiesen, dass Menschen einen möglichen Verlust ungleich höher bewerten als einen möglichen Gewinn.

Loss Aversion-Effekt

Wenn Sie am Vormittag einen 100 Euro-Schein verlieren und am Nachmittag desselben Tages von mir einen 100 Euro-Schein geschenkt bekommen, so hat sich objektiv an Ihrer Finanzsituation nichts geändert. Subjektiv wiegt aber der Verlust des 100 Euro-Scheins deutlich schwerer. Die Untersuchungen von Daniel Kahneman und Amos Twerski haben ergeben, dass Sie subjektiv erst dann wieder im Gleichgewicht sind, wenn ich Ihnen 200 bis 300 Euro zurückgebe. Diese Verlustangst haben Kahneman und Twerski als den Loss Aversion-Effekt bezeichnet.

Ihre Untersuchungsergebnisse haben Kahneman und Twerski in der Prospekt-Theorie zusammengefasst. Die folgende Abbildung zeigt den steileren Verlauf der Kurve bei Verlust im Vergleich zu der bei Gewinn.

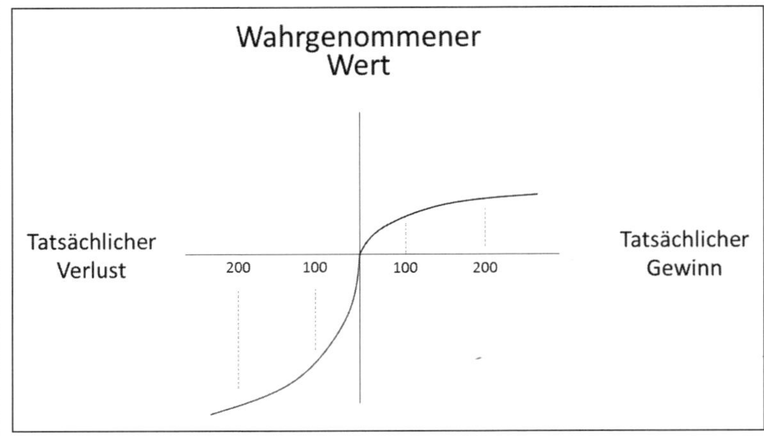

Abbildung 15: Ein Verlust wiegt höher als der Gewinn

Was heißt das für Sie als Verkäufer im B2B-Vertrieb?

1. Um den Kunden zum Verlassen des Status quo zu bewegen, müssen Sie dem Kunden subjektiv einen Vorteil bieten, der die Werteinschätzung seiner derzeitigen Situation um mindestens das Zweifache übersteigt.
2. Es ist für Sie besser, die Vorzüge Ihrer Lösung nicht in Form von realisierten Gewinnen, als vielmehr in Form vermiedener Verluste darzustellen

Statt die durch eine neue Lösung ersparten Energiekosten in Form eines gestiegenen Gewinnes darzustellen (damit steigt ihr Gewinn um 100.000 € pro Jahr), ist es viel effektiver, dem Kunden zu erläutern, dass er ohne diese Investition jedes Jahr 100.000 € verlieren wird.

Untermauern Sie Ihr Mehrwertversprechen also in Zukunft mit dem Aufzeigen von vermiedenen Verlusten. Damit verdoppeln Sie quasi den vom Kunden wahrgenommenen Wert Ihres Angebotes.

Wie Sie den Wert Ihrer Lösung im besten Licht erscheinen lassen

In seinem Buch *Einfluss* beschreibt Robert Cialdini die Geschichte von zwei Brüdern, die ein Bekleidungsgeschäft in den 1930er-Jahren in Amerika führen. Wann immer der für den Verkauf zuständige Bruder Sid bemerkte, dass ein Kunde sich wirklich für einen Anzug interessierte, rief er laut nach seinem Bruder: „Harry, wie viel kostet dieser Anzug?“ Harry würde dann zurückrufen: „Dieser tolle Anzug kostet 42 Dollar.“ Ein komplett übertriebener Preis. Sid würde dann so tun, als habe er die Antwort nicht verstanden und Harry noch einmal nach dem Preis fragen. Harry würde den Preis wiederholen und erneut laut durch den Laden rufen „Er kostet 42 Dollar.“ Danach würde sich Sid zum Kunden wenden und ihm sagen: „Der Anzug kostet 22 Dollar.“ Sofort würden die Kunden die 22 Dollar auf der Ladentheke zurücklassen und den Laden so schnell wie möglich mit dem ach so günstig erworbenen Anzug verlassen.

Diese kleine Anekdote schildert einen wichtigen Effekt, den sich Verkäufer zunutze machen können, um den Wert ihres Angebots beim Kunden positiv zu positionieren. Er wurde ebenfalls von Kahnemann und Twerski erforscht und hat als Ankereffekt große Bekanntheit gewonnen. Der Ankereffekt beschreibt, dass Menschen bei den Bewertungen in der Regel an zugänglichen Vergleichsgrößen orientieren. Im Beispiel von Harry und Sid war die Vergleichsgröße 42 Dollar. Gemessen daran sind 22 Dollar sehr günstig.

Spätestens jetzt dürfte Ihnen auffallen, dass Sie selbst fast täglich Opfer dieses Ankereffekts werden. Wer bleibt von einer Anzeige wie „Listenpreis 1.199,- Euro, nur heute 899,- Euro“ unbeeindruckt. Noch stärker wirkt der Eindruck, wenn die Zahl 1.199,- durchgestrichen ist und durch 899,- ersetzt wurde.

Der Ankereffekt wirkt auch dann, wenn die Vergleichsgröße völlig irrelevant für den zu bewertenden Gegenstand ist. So wurden Versuchspersonen gebeten, ein Glücksrad zu drehen. Das Rad war manipuliert und stoppte entweder bei 1 oder bei 60. Nachdem das Glücksrad stehen geblieben war, wurden die Versuchspersonen gebeten, die Anzahl der afrikanischen Nationen in der UN zu schätzen. Diejenigen, die die 1 gezogen hatten, schätzten regelmäßig eine wesentlich geringere Anzahl UN-Mitglieder, als diejenigen, die die 60 zogen. Für Sie als Verkäufer heißt dies: Bevor Sie den Preis Ihres Angebotes kommunizieren, sollten Sie versuchen, den Kunden mit einer hohen Zahl zu „ankern“. So könnten Sie beispielsweise einen Preis deutlich höher ansetzen, wenn Sie nach Referenzprojekten bei anderen Kunden gefragt werden, bevor Sie schließlich den Preis für die infrage stehende Lösung nennen.

Mittlerweile wurde die Wirksamkeit des Ankereffekts auch für Verhandlungen in zahlreichen Untersuchungen nachgewiesen. So haben Studien gezeigt, dass das Endergebnis einer Verhandlung in der Regel näher bei dem Preis des Verhandlungspartners liegt, der als erster eine Preisvorstellung auf den Tisch gelegt hat.

Wie Sie die Macht der 1 nutzen können, um den Kunden zu überzeugen

Eine gute Nutzenkommunikation stellt den Nutzen immer in der Sprache des Kunden dar und verwendet dabei als Messgrößen die KPI des Kunden. Begehen Sie jedoch nicht den Fehler, dem Kunden den Gesamtnutzen des Projektes – beispielsweise eine Ersparnis von einer Million Euro – zu nennen. Große Zahlen sind für Kunden immer schlecht zu verifizieren und erzeugen sehr oft Gegenfragen, die Zweifel des Kunden nähren.

Erfolgreicher sind Sie, wenn Sie den Nutzen auf eine Einheit von 1 herunterbrechen und dem Kunden die Multiplikation und damit die Übertragung in sein eigenes Geschäft überlassen. So wird Ihr Kunde eine Aussage wie: „Die Lösung erlaubt die Senkung der Kosten um 0,50 Euro pro Geschäftsvorgang“ leichter akzeptieren, da es eine für ihn leicht fassbare Größenordnung darstellt. Wenn er in der Folge die 0,50 Euro mit der Anzahl der Geschäftsvorgänge, bspw. 2 Millionen, multipliziert, kommt er selbst zum Ergebnis von einer Million. Er wird diese Million viel weniger infrage stellen, als wenn Sie ihm diese Zahl direkt nennen. Schließlich hat er ja die 0,50 € als mögliche Kostenersparnis bereit akzeptiert.

Checkliste Kundennutzen

- ❑ Die übergeordneten Geschäftsziele des Kunden sind bekannt.
- ❑ Die auf die Geschäftsziele abzielenden Geschäftsinitiativen des Kunden sind bekannt.
- ❑ Die kritischen Erfolgsfaktoren, die der Kunde steuern muss, sind bekannt.
- ❑ Der Nutzen Ihrer Lösung in Bezug auf die Ziele und Initiativen des Kunden ist bekannt.
- ❑ Der Nutzen Ihrer Lösung ist quantifiziert.
- ❑ Der Nutzen zeigt, wie Ihre Lösung die kritischen Erfolgsfaktoren des Kunden positiv beeinflusst.
- ❑ Der Nutzen ist in der Sprache des Kunden formuliert.
- ❑ Die Risiken bei der Realisierung der Nutzenpotenziale sind dem Kunden bekannt.
- ❑ Strategien, um diesen Risiken zu begegnen, sind mit dem Kunden abgesprochen.

- ❑ Ihr Mehrwertversprechen kontrastiert die negativen Konsequenzen des Nichthandelns gegenüber dem positiven Ergebnisbeitrag einer Investition.
- ❑ Mit dem Kunden herrscht Einverständnis darüber, welche Risiken der Zielerreichung entgegenstehen können.
- ❑ Ein gemeinsames Verständnis existiert, wie Risiken minimiert werden können existiert.

Diese Checkliste können Sie sich unter http://erfolgsfaktoren-im-b2b-vertrieb.de/ herunterladen.

Kapitel 8
Erfolgsfaktor Verkaufsstrategie

Auf dem Weg zum Spitzenverkäufer

Spitzenverkäufer arbeiten anders als der Durchschnitt, indem sie

- aus einer strategischen statt taktischen Perspektive handeln. Sie arbeiten mit einem Aktionsplan, der über den nächsten einzelnen Aktionspunkt hinausgeht. Sie wissen, warum sich ein Kunde für Sie und ihre Lösung entscheidet.
- Ein Spitzenverkäufer entwickelt Strategiealternativen, um anschließend die auszuwählen, die am besten zur Strategie des Kunden passt.
- Er verwendet sechs strategische Ansätze im Verkauf:
  1. Frontal
  2. Flankierend
  3. Verschiebe den Fokus
  4. Teilen
  5. Verteidigen
  6. Verzögern

Sein zentrales Werkzeug für eine erfolgreiche Verkaufsstrategie ist der ZSM-Ansatz

- **Z**iel = Was wollen Sie konkret erreichen?
- **S**trategie = Wie wollen Sie es erreichen?
- **M**aßnahme = Was muss von wem bis wann getan werden, um die Strategie umzusetzen.

Sie haben eine Geschäftsgelegenheit bewertet und (telefonisch oder persönlich vor Ort) die Kundenanforderungen und -bedürfnisse aufgenommen. Sie sind davon überzeugt, dass sich eine Investition in diese Gelegenheit lohnt: Sie wollen also eine Lösung ausarbeiten, dem Kunden ein Angebot unterbreiten und den Auftrag holen.

Das geht natürlich umso einfacher, wenn Sie ein klares Alleinstellungsmerkmal kommunizieren können. Sie unterbreiten dem Kunden einfach ein Angebot. Eine Verhandlung ist aufgrund der einzigartigen Positionierung meistens nicht notwendig. Leider stellt sich – gerade – im B2B die Situation häufig anders dar. Es gibt vergleichbare Angebote … Mal schnell ein Angebot zu unterbreiten, ist dann häufig nichts mehr als Aktionismus!

An dieser Stelle kommt Ihre Verkaufsstrategie ins Spiel!

ZSM statt Aktionismus

Ein Verkäufer meint, ein Angebot bis Freitag abzugeben, muss genügen. Er bewegt sich also auf der taktischen Ebene. Ein Ergebnis ist nicht vorhersehbar. Spitzenverkäufer nutzen dagegen das ZSM-Modell, mit dem deutlich wird, warum ein Kunde Ihr Angebot benötigt.

- **Ziel:** Der Kunde Mayer&Söhne setzt unsere Komponenten X, Y und Z in seinen Maschinen vom Typ Reflex1000 ein. Der Auftrag dazu liegt bis zum 30. September vor. Auftragsvolumen: 5 Millionen Euro pro Jahr.
- **Strategie:** Über unser Key Account Management werden vom Endkunden (dem OEM) unsere Komponenten verpflichtend vorgeschrieben und somit hat der Maschinenbauer keine Alternative. Die Abgabe eines Angebotes sowie die die Sicherstellung, dass wir alle Endkundenvorgaben mit unseren Komponenten erfüllen, reicht aus, um den Auftrag zu holen.
- **Maßnahme:**
  a. 15.02.: Angebot über Teststellung und Serienvolumen unterbreiten
  b. Mai - August: Teststellung durchführen und Freigabe erhalten
  c. September: Unterzeichnung Vertrag 2017-2020

Selbst in diesem – scheinbar unkomplizierten – Fall macht es Sinn, sich kurz über die Strategie Gedanken zu machen. Warum? Weil Sie …

- … im Angebot noch einmal klar unterstreichen werden, dass Sie vom Endkunden bereits qualifiziert und ausgewählt wurden und somit alle Endkundenvorgaben erfüllen.
- … gegebenenfalls auch Ansprechpartner vom Endkunden einbinden werden, damit diese in Richtung Ihres Kunden klare Aussagen und Anforderungen kommunizieren.

Um eine wirksame Verkaufsstrategie zu entwickeln, können Sie sechs strategische Ansätze verwenden.

1. Frontal

Der Name ist bei diesem Ansatz Programm. Hier verfolgen Sie das Ziel auf dem direkten Weg und „greifen“ frontal an. Dazu einige Beispiele:

- Sind Sie der einzige Anbieter am Markt oder haben einen ganz klaren Wettbewerbsvorteil (aus Sicht des Kunden!).
- Sie sind der günstigste Anbieter am Markt, und das entscheidende Kaufkriterium ist der Preis.
- Sie haben bereits andere Teillösungen beim Kunden platziert, sodass Sie der Kunde immer einbeziehen muss.
- Ihr Unternehmen ist ein starker Player, das Ihnen bei Interessenten die Tür für ein Erstgespräch schneller öffnet.

Diese Strategie bedarf allerdings einer entscheidenden Voraussetzung, nämlich eines signifikanten Wettbewerbsvorteils.

2. Flankierend

Wenn der Volksmund spricht „von hinten durch die Brust ins Auge“, dann wird damit der flankierende Ansatz recht gut beschrieben. Man ist wie ein Segler, der am Wind kreuzt, dabei aber sein Ziel nie aus den Augen verliert. Auch dazu einige Beispiele:

- Sie nutzen eine dritte Person, die für Sie einen Termin beim Kunden arrangiert.
- Sie wollen einen neuen Kunden gewinnen, der aus vielen Einzelgesellschaften und Standorten besteht. Anstatt sich frontal in der Firmenzentrale zu positionieren (die ggf. stark vom Wettbewerb besetzt ist), versuchen Sie Ihre Lösungen gezielt bei ausgewählten Tochtergesellschaften zu platzieren. Erst wenn dieses Geschäft gut funktioniert, nutzen Sie diese Kontakte, um bei der Firmenzentrale vorstellig zu werden. Denken Sie an den Unterstützer aus Kapitel 4.

3. Verschiebe den Fokus

Bei dieser Strategie möchten Sie die Sichtweise oder die Bewertungskriterien des Kunden verändern. In der Komplexität ist diese Strategie sicherlich die schwierigste von den bisher genannten drei Strategien.

Beispielsweise sucht ein Maschinenbauer einen neuen Lieferanten für hydraulische Komponenten. Bisher wählte der Kunde einen neuen Lieferanten anhand von drei Kriterien aus: (1.) Preis, (2.) Lieferzeit und (3.) weltweiter Service. Ihr Unternehmen hat jedoch zurzeit sehr lange Lieferzeiten. Sofern Ihnen der Auftrag wichtig ist, gilt es, einen Weg zu finden (die Strategie), die Reihenfolge der Bewertungskriterien des Kunden zu ändern: aus 1-2-3 wird zum Beispiel 1-3-2 oder 3-1-2.

4. Teilen

Während die ersten drei Ansätze aktiv sind, folgen nun drei eher defensiv ausgerichtete Strategien. Die Strategie „Teilen" hat zum Ziel, dass Sie nicht den gesamten Kuchen vom Geschäft erhalten möchten. Macht das überhaupt einen Sinn? Hier ein Beispiel:

Ein Unternehmen sucht für einige anstehende, internationale Projekte Anbieter aus dem IT Bereich. Ihre Kundenanalyse hat ergeben, dass Ihr Kunde grundsätzlich eine Zweilieferantenstrategie fährt. Das heißt, der Kunde wird höchstwahrscheinlich nicht alle Lose an einen Dienstleister vergeben. Außerdem müssen einige Projekte in Spanien abgewickelt werden, wo Ihr Unternehmen keine Niederlassung hat. Deshalb positionieren Sie sich bewusst für einige Teilaspekte und kommunizieren dabei sogar klar, dass ein Wettbewerber die bessere Wahl für die Teilprojekte in Spanien ist.

Tipp

Gerade bei Bestandskunden setzt die Vertriebsleitung immer wieder das Ziel, einen Kunden komplett beliefern zu wollen. Da viele Unternehmen heute auf eine Mehrlieferantenstrategie setzen (natürlich auch um Risiken zu minimieren), ist das Ziel eines 100 %igen Lieferanteils unrealistisch. „Teilen" ist also insbesondere bei Bestandskunden von hoher Bedeutung.

5. Verteidigen

Diese Strategie wird häufig dann verwendet, wenn Sie bereits über einen hohen Lieferanteil bei einem Kunden verfügen und Wettbewerber versuchen, einen Teil des Kuchens für sich Anspruch zu nehmen. Sie versuchen deshalb, eine Verteidigungsmauer aufzubauen, über die ein Wettbewerber nicht springen kann bzw. die zu hohen Wechselkosten für den Kunden führt.

Eine derartige Verteidigungsmauer baut ein Lieferant von Pneumatik-Komponenten, indem er die Mehraufwände, die durch den Einsatz eines zweiten Lieferanten entstehen (bspw. Zusatzaufwände in der Konstruktion, mehr Ersatzteile im Lager notwendig, Servicetechniker müssen für beide Lieferanten geschult werden, Handbücher müssen umgeschrieben werden) dem Kunden deutlich macht.

6. Verzögern

Diese Strategie wird gern von Einkäufern verwendet. Entscheidungen oder Termine werden gezielt in die Zukunft geschoben. Aber auch Lieferanten verzögern, weil ihre Produkte oder Lösungen noch nicht verfügbar sind. Dazu einige Beispiele aus der Praxis:

- Aus dem Einkauf: Ziel des Einkaufs ist, die geplante Preisanpassung statt zum 01.01. erst zum 01.03. wirksam werden zu lassen. Seine Verzögerungsstrategie: Für die ersten Terminanfragen des Lieferanten wird auf Zeit gespielt (Terminprobleme). Danach wird der Lieferant mit einer Reihe von Detailfragen beschäftiget, sodass die Abschlussverhandlung erst im Februar stattfinden kann. Somit hat sich der Einkauf für den Januar und Februar noch die guten Konditionen des Vorjahres gesichert.
- Aus dem Verkauf: Ihr Kunde aus dem Immobilienbereich möchte eine Modernisierung möglichst schnell durchführen. Ihre Auftragsbücher sind im Moment aber gut gefüllt, Sie haben keine freien Kapazitäten. Verzögern können Sie jetzt auf zwei Arten:
  a. Sie bieten dem Kunden einen Sonderpreis an, wenn dieser die Realisierung auf einen späteren Termin verschiebt.
  b. Die Modernisierung umfasst auch die Aufzugsanlage des Gebäudes. Da Sie wissen, dass der Aufzughersteller in einigen Monaten ein neues Modell herausbringen wird, versuchen Sie, Ihren Kunden von den Vorzügen dieses neuen Modells zu überzeugen. Das führt ggf. dazu, dass er „freiwillig“ auf die bessere Lösung wartet.

Für die tägliche Praxis

Welche Strategieoptionen haben Sie bezogen auf eine aktuelle Geschäftsgelegenheit entwickelt?

Ihr Aktionsplan

Nachdem Sie Ihre Verkaufsstrategie ausgearbeitet haben, gilt es nun, diese Strategie in konkrete Maßnahmen zu übersetzen. Gefragt ist Aktionsplan, der klare Antworten auf die folgenden Fragen liefern muss:

- Wie lautet der aktuelle Status eines bestimmten Punktes?
- Was muss intern noch erledigt werden?
- Wer kümmert sich darum?
- Bis wann muss der Punkt erledigt werden?

Für die tägliche Praxis

Wie sieht Ihr Aktionsplan bezogen auf die ausgewählte Geschäftsgelegenheit aus?

Kapitel 9
Erfolgsfaktor Angebotsmanagement

Auf dem Weg zum Spitzenverkäufer

Spitzenverkäufer arbeiten anders als der Durchschnitt, indem sie

- den Mut haben, Anfragen auch mit einem höflichen Nein zu beantworten, Stattdessen konzentrieren sie sich bewusst auf die wirklich vielversprechenden, wichtigen Anfragen.
- Sie kennen und nutzen aktiv die vier Angebotstypen: kein Angebot, Budgetangebot, Standardangebot und das Extra-Meile-Angebot.
- Die besten Verkäufer richten sich feste Zeitblocker ein, um Angebote nachfassen zu können. Denn die Praxis zeigt, dass ohne diesen Blocker viele Dinge gemacht werden – nur nicht das Nachfassen!

Die zentralen Werkzeuge für ein erfolgreiches Angebotsmanagement sind zwei Checklisten:

- Checkliste Extra-Meile-Angebot
- Bereits während der Angebotserstellung werden Optionen und Details immer wieder mit dem Kunden durchgesprochen. So signalisieren Sie ihm bereits in dieser Phase Ihr Interesse.
- Das Angebot enthält Optionen, die den Kunden zum Staunen bringen!
- Das Anschreiben ist maßgeschneidert. Der Kunde findet sich mit seinem Anliegen wieder und erkennt sofort die drei Differenzierungsmerkmale, die Sie und Ihre Lösung auszeichnen.
- Dem Angebot per E-Mail folgt zusätzlich ein Ausdruck, der ggf. sogar gebunden oder in einen Ordner liegt und dem Kunden zugeschickt oder persönlich übergeben und präsentiert wird.
- Checkliste Angebotsnachverfolgung
  - Anruf 1 kurz nach Angebotsabgabe, um sicher zu sein, dass das Angebot angekommen ist.
  - Anruf 2 kurz vor der Entscheidung des Kunden, da er sich jetzt mit dem Angebot inhaltlich auseinandersetzt.

Wie kundenorientiert ist eigentlich Ihr Angebot?

Machen Sie mit uns gemeinsam einen kleinen Einstiegstest und überprüfen Sie eines Ihrer aktuellen Angebote auf folgende Kriterien:

- ❏ Das Angebot startet mit einer persönlichen Anrede des Kunden. Aus „Sehr geehrte Damen, sehr geehrte Herren!" wird „Sehr geehrte Frau Müller, ..."
- ❏ Das Angebot beinhaltet den Projektnamen des Kunden.
- ❏ Das Angebot spiegelt die drei wichtigsten Anforderungen des Kunden wider und enthält eine klare Aussage, warum gerade Ihre Lösung optimal auf diese Anforderungen passt.
- ❏ Der Kunde versteht Ihr Angebot! Produktbezeichnungen, Artikelnummern, Abkürzungen und vieles mehr sind ihm geläufig.
- ❏ Das Angebot enthält alle notwendigen Informationen, damit der Kunde schnell und unkompliziert mit Ihnen Kontakt aufnehmen kann.
- ❏ Ihr Angebot verlässt nicht das Haus, ohne dass Sie zuvor mit dem Kunden gesprochen haben. Er weiß also, dass er ein Angebot von Ihnen erhält.

Für die tägliche Praxis

Und wie steht es um Ihre Angebote? Sind sie aus Sicht des Kunden leicht zu verstehen und übersichtlich gestaltet? Was können Sie an Ihren Angeboten noch verbessern?

Nehmen Sie ein Angebot ruhig einmal mit nach Hause und geben Sie es Ihren Lieben zum Lesen. Wenn sie es nicht verstehen, dann haben Sie etwas zu tun!

Vier Angebotstypen

Im Kapitel 3 „Anfragen systematisch bewerten" haben wir kurz über die Konsequenzen aus der Bewertung einer Anfrage gesprochen. Beginnen Sie, Ihre Angebote stärker zu differenzieren, sodass Sie sich auf die wirklich wichtigen, erfolgsversprechenden konzentrieren können. Dazu gehört auch, ein Angebot abzusagen und weniger Angebote zu schreiben.

1. Kein Angebot

Ihre Bewertung der Anfrage hat ergeben, dass Sie bei einer Ausschreibung keine Chance auf Erfolg haben. Die Gründe dafür können vierfältig sein:

- Die angefragte Lieferzeit ist viel zu kurz.
- Der Wettbewerb hat einen klaren Wettbewerbsvorteil, weil er zum Beispiel den Kunden schon beliefert und es sich eher um eine Erweiterung als um einen kompletten Austausch handelt.
- Ein Wettbewerber hat augenscheinlich die Anfrage maßgeblich beeinflusst. Er hat starke Unterstützer beim Kunden.
- Es handelt sich um eine öffentliche Ausschreibung, bei der nur der Preis zählt.
- Der potenzielle Kunde hat schon mehrmals bei Ihnen angefragt hat, und jedes Mal erhielt Sie eine Absage.

Tun Sie sich einen Gefallen und ziehen rechtzeitig die Reißleine. Sparen Sie sich diesen Aufwand! Wozu ein Angebot erstellen, dass Sie in ein paar Monaten als „verloren" in Ihrem CRM-System markieren?

Das mag Ihnen helfen: Schätzen Sie einmal kurz den Aufwand ab für ein Angebot:

Vor-Ort-Termin ggf. notwendig	3 Stunden
Angebot schreiben	2 Stunden
Telefonische Rückfragen beantworten und Angebot nachfassen	0,5 Stunden
Im schlimmsten Fall Verhandlung durchführen, obwohl der Wettbewerb bereits gesetzt ist.	2 Stunden
Gesamtaufwand für ein Angebot	7,5 Stunden

In dieser Zeit können Sie genauso gut einer Anfrage mit höherer Erfolgswahrscheinlichkeit nach- oder aktiv auf Ihre Bestandskunden zugehen.

Tipp

Auch wenn Sie ein Angebot absagen: Wichtig ist, dass der Kunde immer ein höfliches Absageschreiben erhält. Keine Anfrage eines (potenziellen) Kunden bleibt unbeantwortet!

2. Budgetangebot

Die Eigentümergemeinschaft einer größeren Immobilie wendet sich an einen Aufzugsbauer und schildert ihm das Vorhaben, im nächsten oder spätestens im übernächsten Jahr den Aufzug modernisieren zu wollen. Damit die Eigentümergemeinschaft das notwendige Investitionsbudget einplanen kann, ist zunächst eine Kostenschätzung wichtig. Braucht es dafür heute schon ein komplett ausgearbeitetes Angebot? Sicher nicht, denn bis zur Beauftragung vergehen noch mindestens 12 Monate. Bis dahin können sich die Rahmenbedingungen, wie zugrunde liegende Normen und Vorschriften, wieder ändern. Ein guter Verkäufer kann auf Basis weniger Kundenangaben aber eine Orientierung für das notwendige Budget nennen, was per E-Mail an den Kunden gesendet wird, sodass es auch im nächsten Jahr noch nachvollziehbar ist. Ggf. liegen dieser E-Mail verschiedene Ausstattungsvarianten und Bildern bei. Damit kann Ihr Kunde definitiv mehr anfangen, als mit einem technischen Detailangebot!

Tipp

Bei einem Budgetangebot ist es wichtig, dass Sie gleich einen Aktionspunkt definieren, wann Sie wieder beim Kunden nachfassen wollen, um seine Anforderungen rechtzeitig beeinflussen zu können, sobald das Projekt in die heiße Phase kommt.

3. Standardangebot

Das ist der Klassiker: schnell durchkalkuliert und raus damit. Ist daran etwas falsch? Nein, nicht unbedingt. Nehmen Sie zum Beispiel folgende Situation: Ein Kunde hat vergangenes Jahr mehrere unserer Vertriebstrainings gebucht und möchte sie auch dieses Jahr seinen neuen Mitarbeitern anbieten. Der Inhalt ist bekannt, und unser Ansprechpartner benötigt lediglich ein Angebot, um eine offizielle Beauftragung auslösen zu können. Braucht es da ein umfangreiches Anschreiben? Muss das Angebot noch einmal auf wertigem 90 Gramm-Papier ausgedruckt, gebunden und verschickt werden? Müssen Sie Referenzen benennen? Nein. Hier genügt ein Standardangebot. Für dieses gibt es noch weitere mögliche Anwendungsfälle:

- Sie nehmen an einer Ausschreibung teil.
- Sie müssen aus politischen Gründen ein Angebot abgeben. Praxisfall: Die Niederlassung eines Kunden macht vor Ort eigentlich nur Geschäfte mit einem Ihrer Wettbewerber. Da es sich bei dem Kunden aber um einen überregionalen Key Account Ihres Un-

ternehmens handelt, dürfen Sie sich der Angebotsanfrage nicht wirklich verwehren, auch wenn Sie wissen, dass es nur ein Vergleichsangebot wird.

Wenn Sie eine Anfrage bewertet haben und zu dem Schluss gekommen, dass Ihr Angebot keine Chance haben wird, dann benötigen Sie auch kein Standardangebot. Reduzieren Sie lieber die Anzahl der Standardangebote: Entweder gar kein Angebot oder ein Extra-Meile-Angebot!

4. Extra-Meile-Angebot

Hierbei handelt es sich um die Krönung der Angebote. Sie haben die Geschäftsgelegenheit bewertet und sind zu dem Schluss gekommen, dass Sie bei dieser Anfrage sehr gute Chancen haben, den Auftrag zu gewinnen. Deshalb legen Sie sich jetzt ins Zeug.

Das Extra-Meile-Angebot hat einige typische Charaktereigenschaften:

- Bereits während der Angebotserstellung halten Sie mehrfach Rücksprache mit dem Kunden, um immer wieder Optionen und Details durchzusprechen. So signalisieren Sie bereits in dieser Phase Ihr Interesse.
- Das Angebot enthält Optionen, die nicht nur für den Kunden von Interesse sind, sondern ihn auch ins Staunen bringen! Beispiele: Ihr Angebot enthält auch gleichzeitig ein Produktmuster oder Sie fügen eine Kalkulation bei, welche die Wirtschaftlichkeit der Investition klar aufzeigt.
- Das Anschreiben ist maßgeschneidert. Der Kunde findet sich mit seinem Projekt beziehungsweise seinem Anliegen sofort wieder und erkennt auf einem Blick die drei Differenzierungsmerkmale, die Sie und Ihre Lösung auszeichnen.
- Das Angebot wird nicht nur per E-Mail versendet, sondern zusätzlich ausgedruckt, gebunden oder in einen Ordner gelegt und dem Kunden zugeschickt bzw. persönlich übergeben.
- Sie präsentieren dem Kunden das Angebot noch einmal persönlich. Bei größeren Distanzen kann diese Präsentation auch telefonisch oder via Skype erfolgen.

Für die tägliche Praxis

Woran kann Ihr Kunde erkennen, dass Sie ihm ein Extra-Meile-Angebot erstellt haben? Für welche aktuellen Anfragen würden Sie die Extra-Meile gehen?

Angebote zum richtigen Zeitpunkt nachfassen

Genauso entscheidend wie ein gutes Angebot ist dessen Nachverfolgung. Sehr häufig erleben wir in Coachings folgende Situation: Der Account Manager hat vergangene Woche ein Angebot an den Kunden geschickt und sein CRM-System erinnert ihn heute daran, dieses Angebot nachzufassen. Also greift er zum Hörer und ruft den Kunden an.

- Verkäufer: *„Ich wollte einmal nachfragen, ob das Angebot auch wirklich angekommen ist und ob Sie schon Gelegenheit hatten, es durchzusehen?“*
- Kunde: *„Vielen Dank. Ja, das Angebot ist angekommen, und leider nein, ich hatte noch keine Gelegenheit, das Angebot durchzusehen. Wir warten noch auf das eines weiteren Unternehmens, bevor wir in den endgültigen Entscheidungsprozess einsteigen.“*
- Verkäufer: *„Gut. Dann melde ich mich nächste Woche noch einmal bei Ihnen.“*

Hand aufs Herz: Sie kennen die Situation. Ihnen ist es auch schon einmal so ergangen? An dieser Stelle zwei Hinweise, damit es Ihnen in Zukunft anders ergeht:

1. **Vor der Angebotsabgabe**
   Nach der erfolgreichen Konzeptvorstellung endet ein Kundentermin nicht selten mit der Aussage, dass der Kunde gerne ein Angebot dazu hätte. Viele Key Account Manager stellen dann immer noch die Standardfrage: *„Wann hätten Sie das Angebot denn gerne?“*. Streichen Sie diese Frage aus Ihrem Repertoire! Versuchen Sie stattdessen, mit Ihren Fragen gleich mehr vom Kunden zu erfahren: *„Wann benötigen Sie die Lösung spätestens?“ „Wann werden Sie eine Entscheidung treffen?“* Auf Basis der Antworten schlagen *Sie* einen Termin für die Angebotsabgabe vor.
2. **Nach der Angebotsabgabe**
   Fragen vor der Angebotsabgabe helfen Ihnen auch, in Erfahrung zu bringen, wann es sich lohnt, beim Kunden wieder anzurufen. Sie können ihn natürlich gleich einen Tag nach der Übersendung des Angebots anrufen und sich erkundigen, ob das Angebot eingetroffen ist. Die eigentliche Nachverfolgung erfolgt aber erst kurz vor der Entscheidung des Kunden. Diesen Termin haben wir ja bereits im Kundengespräch aktiv erfragt. Jetzt können Sie sicher sein, dass sich Ihr Kunde auch mit Ihrem Angebot befasst.

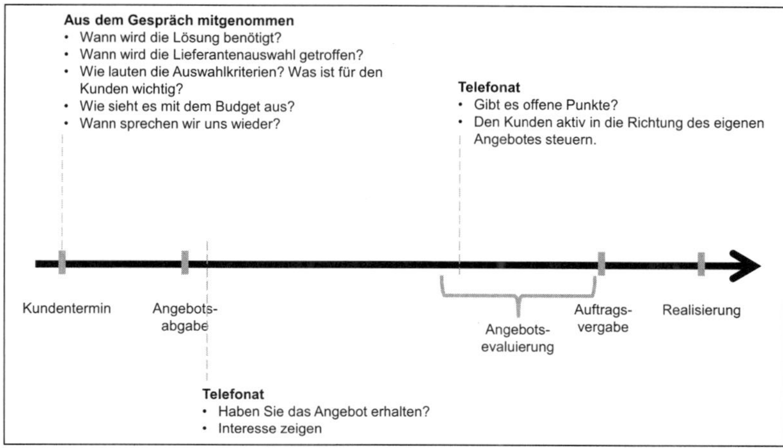

Abbildung 16: Angebotsmanagement[4]

Tipp

Reservieren Sie sich einen festen Termin in der Woche für Ihre Angebotsnachfasstelefonate. Die Erfahrung zeigt nämlich, dass ohne diesen Terminblocker viele Dinge getan werden – leider nicht das Nachfassen von Angeboten.

Für die tägliche Praxis

Haben Sie in dieser Woche schon Angebote nachgefasst. Was können Sie in diesem Zusammenhang noch verbessern?

[4] Quelle: Hartmut Sieck: *Der Key Account Manager,* Vahlen 2016.

Kapitel 10
Erfolgsfaktor Verhandlung

Auf dem Weg zum Spitzenverkäufer

Spitzenverkäufer arbeiten anders als der Durchschnitt, indem sie

- Nachlässe anbieten, die weniger Verhandlungsspielraum suggerieren. Glatte Nachlässe von 10, 5 oder 3 % signalisieren, dass hier noch etwas geht. Besser ist ein Angebot von 2,8 %!
- Sie wissen, dass eine Kaufentscheidung in den meisten bereits *vor* der Verhandlung getroffen wurde. Nur in einem von vier Fällen bringt ein Preisnachlass überhaupt etwas!
- Spitzenverkäufer fokussieren auf die Punkte, die für beide Seiten ein unterschiedliches Preisschild haben und erzielen dadurch ein – für beide Seiten – besseres Ergebnis.
- Sie machen kein Zugeständnis ohne Gegenleistung!

Das zentrale Werkzeug für erfolgreiche Verhandlungen ist das 5-Stufen-Modell für Verhandlungen nach Dirk Kreuter:

1. Kämpfen: Um den Angebotspreis kämpfen
2. Draufgabe: Etwas hinzugeben, was noch nicht Bestandteil vom Angebot ist
3. Dreingabe: Einen Teil vom Angebot kostenfrei stellen
4. Zukunft: Gutscheine oder zukünftige Preisnachlässe nutzen
5. Rabatt: Erst in letzter Instanz einen Preisnachlass gewähren

Nachlässe: jedes Zehntel zählt!

Verhandeln hat im B2B meistens mit Mengen und (nicht wenig) Geld zu tun. Daher lassen Sie uns in dieses Kapitel mit ein paar Zahlenspielen einsteigen.

Zahlenspiel 1: 10 % Nachlass

Sie verkaufen heute 10 Artikel zu einem Einzelpreis von 100 Euro. Die Kosten liegen bei 700 Euro. Ihre Marge beträgt 30 % vom erzielten Verkaufspreis:

10 Artikel x 100 Euro Einzelpreis = 1000 Euro Umsatz

Marge: 30 % von 1000 Euro = 300 Euro (1000 Euro Umsatz – 700 Euro Kosten)

Wie das Leben so spielt, haben Sie einen harten Einkäufer vor sich, der einen Preisnachlass von 10 % heraushandelt. Wie viel mehr Menge müssen Sie absetzen, um wieder einen Gewinn von 300 Euro zu erzielen?

10 x 100 Euro = 1000 Euro - 10 % Nachlass = 900 Euro Umsatz

Abzüglich der Kosten von 700 Euro (denn die ändern sich ja nicht bei Ihrem Preisnachlass)

= 200 Euro Gewinn oder 20 Euro/Stück (bei einem Absatz von 10 Stück)

Bei einem Zielgewinn von 300 Euro ergibt sich daraus eine Menge von

300 Euro / 20 Euro/Stück = 15 Stück

Das heißt, Sie müssen **50 % mehr Menge** verkaufen, um am Ende den gleichen Gewinn erzielen zu können!

Zahlenspiel 2: 3 % Kostensteigerung pro Jahr

Wir bleiben bei unserer Marge von 30 % aus dem ersten Zahlenspiel. Jedes Jahr steigen Ihre Kosten um 3 %. Nehmen wir an, Sie schaffen es, jedes Jahr eine Preisanpassung von 1,5 % durchzusetzen. Dennoch wird sich Ihre Marge nach 10 Jahren auf 18.9 % reduzieren, ohne dass ein Jahr mit einer Nullrunde oder eine Preissenkung berücksichtigt haben.

Diese beiden Beispiele machen deutlich, dass jedes Zehntel zählt! Doch was passiert jeden Tag? Der Einkäufer ruft uns an und meint sinngemäß: „Lieber Verkäufer, vielen Dank für das Angebot. Technisch passt es. Im Vergleich zu anderen Anbietern sind sie aber viel zu teurer! Was geht denn da noch?“ Diese Frage führt beim Verkäufer zu einer viel zu schnellen Reaktion: „Eigentlich geht nichts mehr, aber für Sie kann ich noch 3 % herausholen.“ Merken Sie es? 3 % ist eine glatte Zahl! Was suggerieren Sie damit dem Einkäufer? Genau, da ist Luft, da geht noch etwas.

Was passiert, wenn der Verkäufer stattdessen geantwortet hätte: „Lieber Kunde, unter der Voraussetzung, dass Sie die Bestellung heute noch auslösen, kann ich Ihnen 2,8 % anbieten“. Bei dieser krummen Zahl hat doch jeder zumindest das Gefühl, dass der Nachlass wirklich kalkuliert wurde und der Verkäufer hart an seine Grenze gegangen ist.

Ist ein Nachlass wirklich nötig?

Ändert ein Preisnachlass wirklich etwas an der Entscheidung des Kunden? Untersuchungen, belegen, dass eine Entscheidung in 70 bis 80 % der Fälle bereits vor einer Verhandlung getroffen wurde. Der Versuch, noch etwas am Preis zu drehen, bleibt natürlich legitim. Und das funktioniert ja auch oft genug. Schauen Sie sich Ihre letzten drei gewonnenen und verlorenen Verkaufsvorfälle an. Kennen Sie die Gründe für die Entscheidungen?

Wenn wir diese Frage in unseren Seminaren stellen, hören wir sehr häufig folgende Antworten:

- „Wir kannten bereits den Servicetechniker des Wettbewerbers. Daher haben wir uns aus Sicherheitsgründen dieses Mal noch für den Wettbewerb entschieden."
- „Wir haben uns für den Wettbewerb entschieden, da dieses Unternehmen auch Produkte und Dienstleistungen von uns einkauft."
- „Ihre Lösung war definitiv besser. Allerdings waren die Umstiegskosten zu hoch."
- „Ihr Angebot war sehr attraktiv, aber wir hätten dann alle unsere Servicetechniker auf zwei unterschiedliche Ersatzteile ausbilden müssen."
- „Wenn es nach uns gegangen wäre, hätten Sie den Zuschlag erhalten. Allerdings hatte Ihr Wettbewerber schon einen Rahmenvertrag, was die Beauftragung für uns wesentlich schneller und einfacher gemacht hat."

Der Preis ist also nicht immer der Entscheidungsgrund. Tim Taxis hat in seinem Buch *Die perfekte Preisverhandlung* die Sache sehr schön auf den Punkt gebracht.

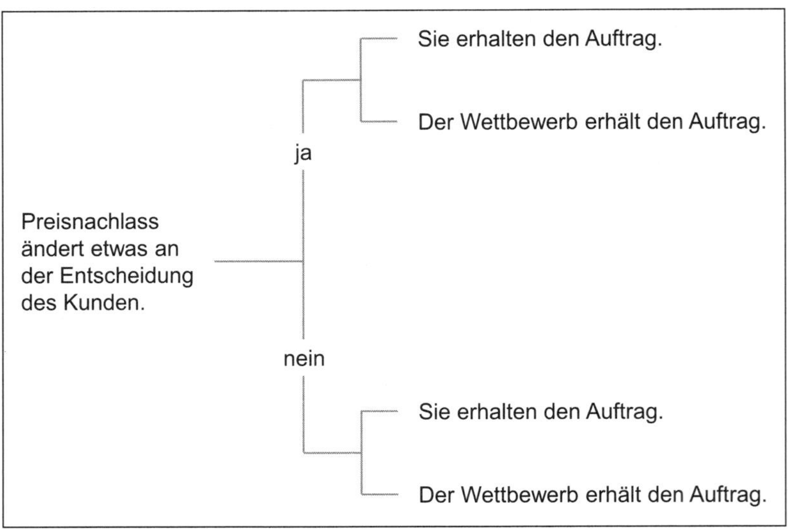

Abbildung 17: Hat der Preis einen Einfluss auf die Kundenentscheidung?[5]

Nur in einem von vier Fällen ist ein Preisnachlass überhaupt zielführend. Hat der Kunde sich bereits vor der Verhandlung für oder gegen Sie entschieden, ändert Ihr Preisnachlass ohnehin nichts. Bekommen Sie den Auftrag, dann wird gern behauptet, dass Sie ihn ja nur wegen des Nachlasses bekommen haben. In den meisten Fällen haben Sie nur Geld verschenkt. In dem Fall, dass ein Preisnachlass aber tatsächlich etwas ändert, müssen Sie ein besseres Angebot machen als Ihr Wettbewerber. Ansonsten haben Sie nur dafür gesorgt, dass der Marktpreis etwas abgesunken ist.

Dirk Kreuter hat 2016 in seinem Podcast „Vertriebsoffensive" ein sehr anschauliches 5-stufiges Modell vorgestellt, das Sie sofort und 1:1 auf jede Verhandlung anwenden können.

[5] Quelle: Tim Taxis, *Die perfekte Preisverhandlung*, 2016.

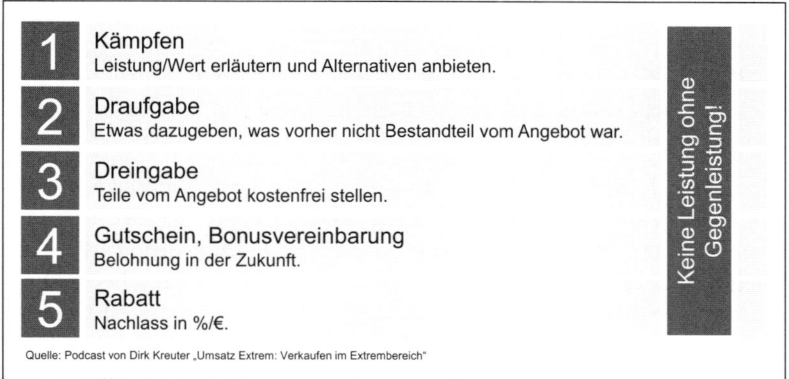

Abbildung 18: 5-Stufen-Modell für Verhandlungen von Dirk Kreuter

Dieses 5-Stufen-Modell können Sie sich unter http://erfolgsfaktoren-im-b2b-vertrieb.de herunterladen.

Wie die Abbildung verdeutlicht, ist ein Preisnachlass die letzte Stufe und Instanz bei Verhandlungen:

- **Stufe 1:** Wie schnell knicken Sie ein, wenn der Kunde um einen Nachlass bittet? Wie sehr kämpfen Sie für Ihre Lösung? Oder wie es Martin Limbeck ausdrückt: Wie „Preisstolz" sind Sie eigentlich?
- **Stufe 2:** Sie packen Ihrem Angebot noch etwas drauf, was noch *nicht* Bestandteil des Angebots ist. Angebotswert und Rechnungssumme bleiben gleich.
- **Stufe 3:** Hier wird ein Teil des Angebotes (bspw. Lieferung oder Services) kostenfrei gestellt.
- **Stufe 4** geht in die Zukunft: Es wird ein Nachlass gewährt, wenn man auch das Folgeprojekt *erhalten hat*. Dazu gehört auch die Bonusvereinbarung mit dem Einkäufer. Nur wenn er ein vereinbartes Einkaufsvolumen erzielt, bekommt er eine Rückvergütung, einen Bonus ausgezahlt.
- **Stufe 5** greift nach den Stufen 1 bis 4. Erst in letzter Instanz kommt der klassische Nachlass ins Spiel.

Tipp

Kleben Sie sich die 5 Stufen von Dirk Kreuter am besten als kleine Notiz direkt an Ihren Monitor, damit Sie gut agieren können bei der nächsten telefonischen Verhandlung.

Feilschen oder verhandeln?

Im B2B-Vertrieb wird gern von der nächsten Verhandlung gesprochen, bei der es dann doch immer wieder wie auf einem Basar zugeht. Es gibt gefeilscht statt zu verhandeln. Was tun Sie meistens?

Ein Beispiel: Sie bestellen sich Ihre Lieblingspizza. Die Pizza kommt und obendrauf liegt heute – nur für Sie und kostenfrei – ein langes blondes Haar. Natürlich fordern Sie eine neue Pizza und obendrein noch Schadensersatz, sagen wir 5 Euro in bar. Wie wahrscheinlich ist es, dass Sie diese 5 Euro erhalten? Die Wahrscheinlichkeit tendiert gegen Null! Die Situation ändert sich, wenn Sie statt der Barkompensation beispielsweise ein leckeres Dessert fordern! Denn das Dessert hat eine Eigenschaft, die für eine Verhandlung unheimlich wichtig ist. Es hat zwei Preisschilder! Dem Restaurantbesitzer kostet das Dessert wahrscheinlich nur 0,50 Euro, während der Preis für Sie (laut Karte) bei 5 Euro liegt. Das Ergebnis ist eine Win-win-Situation.

Vom Feilschen und Verhandeln

Beim Feilschen geht es nur um den Angebotswert, die Euros rechts unten im Angebot!

Beim Verhandeln wird auf Punkte fokussiert, die für beide Seiten ein unterschiedliches Preisschild haben. Schließlich wird dadurch ein *für beide Seiten* besseres Ergebnis erzielt.

Eine Verhandlung braucht gute Vorbereitung. Dazu ein Beispiel aus dem Bereich der Honorarverhandlungen:

Das Ziel: Das Honorar pro Tag *muss* hoch bleiben und ist *nicht* verhandelbar! Daher gehen wir beispielsweise mit folgenden Punkten, die wir dem Kunden noch anbieten könnten, in eine Verhandlung:

1. Jeder Teilnehmer erhält ein Buch
   (Kosten für uns 5 Euro/Stück – Wert für den Kunden 20 Euro/Stück)
2. Am Ende der Seminarreihe gibt es ein Abschlussgespräch mit dem Auftraggeber mit konkreten Empfehlungen für die nächsten Schritte (war bisher nicht im Angebot enthalten)
   (Kosten für einen Manntag 500 Euro – Wert für den Kunden 2.500 Euro)

3. Wir akzeptieren die Zahlungskonditionen des Auftraggebers (30 Tage netto)
   (Kosten für uns sehr gering – Wert für den Kunden sehr hoch, da der Einkauf diese grundlegenden Dinge standardisiert haben möchte)

Im Gegenzug könnten Sie vom Kunden einfordern:

1. Anstatt einer monatlichen Abrechnung, gibt es bereits zu Beginn des Projekts eine Anzahlung von 50 % der gesamten Honorarsumme
   (Wert für uns sehr hoch – Aufwand für den Kunden sehr gering).
2. Nennung des Kunden als Referenz mit Interview
   (Wert für uns sehr hoch – Aufwand für den Kunden gering)
3. Kunde übernimmt die Verteilung der Seminarordner
   (Wert für uns sehr hoch, da die Trainings überall in Europa stattfinden – Aufwand für den Kunden sehr gering, da er sowieso weitere Dinge zum Veranstaltungsort schicken muss).

Sie bemerken, kein Zugeständnis ohne Gegenleistung!

Tipp

Nennen Sie Ihre Bedingungen in einer Verhandlung immer zuerst. Beispiel: „Unter der Voraussetzung, dass Sie …, bin ich bereit, dass …“.

Mit acht Fragen auf eine Verhandlung vorbereiten

Die Vorbereitung auf eine Verhandlung ist ein entscheidender Erfolgsfaktor, denn ohne sie übergeben Sie dem Kunden die Steuerung machen am Ende doch nur Preiszugeständnisse.

Checkliste Verhandlungsvorbereitung

- ❑ Was ist Ihr konkretes, messbares Verhandlungsziel?
- ❑ Was wissen Sie über Ihre Verhandlungspartner?
  Was ist ihr oder ihm wirklich wichtig?
  Welche Rolle spielt Ihr Angebot für Ihren Verhandlungspartner?
  Über welche Verhandlungserfahrung verfügt er?
- ❑ Wie sieht die genaue Rollenverteilung in Ihrem Verhandlungsteam aus?

- ❏ Welche drei Verhandlungspunkte können Sie Ihrem Kunden anbieten? Welche drei Verhandlungspunkte können Sie von Ihrem Kunden einfordern?
- ❏ Welche Einwände könnten von der Kundenseite eingebracht werden und wie wollen Sie darauf reagieren?
- ❏ Welche Vorstellungen haben Sie vom Ablauf der Verhandlung? Wie eröffnen Sie (konfrontativ oder konstruktiv)? Welche Punkte werden Sie in welcher Reihenfolge behandeln?
- ❏ Welche Alternativen hat Ihr Verhandlungspartner (Wettbewerbsangebote, interne Lösungen)? Wie sieht Ihre Alternative aus? Was passiert, wenn Sie diesen Verkaufsabschluss nicht tätigen?
- ❏ Wie sieht Ihr Eskalationsszenario für diese Verhandlung aus? Wie kann die Verhandlung fortgeführt werden, wenn Sie zu keinem Ergebnis kommen?
- ❏ Zusätzlich für die jährliche Preisverhandlung: Wie erzeugen Sie einen Druckpunkt auf der Kundenseite, sodass dieser zügig ein Verhandlungsergebnis braucht?

Diese Checkliste können Sie sich unter http://erfolgsfaktoren-im-b2b-vertrieb.de herunterladen.

Noch ein paar Hintergrundinformationen zum letzten Punkt in der Checkliste:

Gerade bei anstehenden Preiserhöhungen und den dazugehörigen Verhandlungen ist das oberste Ziel der Einkäufer, die Erhöhungen bewusst in die Zukunft hinauszuzögern und sie so gering wie möglich ausfallen zu lassen. In Vertriebstrainings simulieren wir gerne diese Verhandlungssituation und sind immer wieder erschrocken darüber, wie häufig es die Einkäuferseite schafft, ohne verbindliche Absprachen aus der ersten Verhandlungsrunde zu gehen. Fragen Sie sich daher bewusst, wie Sie einen Druckpunkt auf der Kundenseite erzeugen können, damit der Einkäufer eben nicht auf Zeit spielen kann.

Kapitel 11
Erfolgsfaktor After Sales

Auf dem Weg zum Spitzenverkäufer

Spitzenverkäufer arbeiten anders als der Durchschnitt, indem sie

- zumindest für die größeren Anfragen am Ende des Verkaufsprozesses eine sogenannte Win bid-/Loss bid-Analyse durchführen mit dem Ziel, kontinuierlich aus vertrieblichen Aktivitäten zu lernen.
- Spitzenverkäufer rufen ihre Kunden nach erbrachter Leistung an: „Lieber Herr Kunde, ich möchte mich einerseits noch einmal für den Auftrag bedanken und andererseits nachfragen, ob alles gepasst hat?".
- Sie versuchen immer, Referenzaussagen einzuholen.

Die Win bid-/Loss Bid-Analyse ist das zentrale Werkzeug für den erfolgreichen After Sales:

1. Wie lautet der Name des Kunden?
2. Was genau war das Problem/die Herausforderung vom Kunden?
3. Ich habe diesen Auftrag gegen Wettbewerber … gewonnen, weil …
   Ich habe diesen Auftrag gegen Wettbewerber … verloren, weil …
4. Welche Lehren ziehe ich aus dem gewonnenen/verlorenen Auftrag?

Win bid-/Loss bid-Analyse

Sie kennen das Zitat von Sepp Herberger: „Nach dem Spiel ist vor dem Spiel". Nicht nur beim Fußball, auch im B2B-Vertrieb hat es seine Gültigkeit. Ihr Kunde hat sich beispielsweise nicht für Ihr Angebot entschieden. Damit können Sie diese Geschäftsgelegenheit in Ihrem CRM-System schließen, was häufig mit der Angabe eines Grunds verbunden ist, warum der Auftrag verloren wurde. Mit vordefinierten Auswahlfelder hilft Ihnen das System und gibt Gründe an wie

- Preis
- Technische Anforderungen konnten nicht erfüllt werden
- Liefertermine passten nicht
- …

Hand aufs Herz: Denken Sie wirklich einen Augenblick darüber nach, was Sie auswählen? Haben Sie mit Ihrem Kunden darüber gesprochen, warum der Auftrag verloren ging? Was tragen Sie eigentlich ein, wenn *Sie* der Grund für den Misserfolg sind?

Wir empfehlen Ihnen, am Ende eines Verkaufsprozesses größerer Anfragen eine sogenannte Win bid-/Loss bid-Analyse durchzuführen. Das Ziel dieser Analyse ist, dass Sie aus Ihren vertrieblichen Aktivitäten lernen und damit kontinuierlich besser und erfolgreicher werden.

Folgende Fragen umfasst eine Win bid-/Loss bid-Analyse:

1. Wie lautet der Name des Kunden?
2. Was genau war das Problem/die Herausforderung vom Kunden?
3. Sie haben diesen Auftrag gegen Wettbewerber … gewonnen, weil …
   Sie haben diesen Auftrag gegen Wettbewerber … verloren, weil …
4. Welche Lehren ziehen Sie aus diesem gewonnenen/verlorenen Auftrag?

Tipp

Sammeln Sie Ihre Erkenntnisse in einer kleinen Liste Ihres Notizbuchs (oder in OneNote von Microsoft), um Ihr vertriebliches Tun schriftlich zu reflektieren. Dazu können Sie eine einfache Tabelle nutzen.

Kunde	Kundenproblem/ Anfrage	Gewonnen gegen und weil …	Verloren gegen und weil …	Meine Lehren aus dieser Gelegenheit sind …

Diese Checkliste können Sie sich unter http://erfolgsfaktoren-im-b2b-vertrieb.de herunterladen.

Wichtig ist, dass Sie diese Win bid-/Loss bid-Analyse ehrlich durchführen. Dazu ein Beispiel: Letztes Jahr haben wir einen Auftrag bei BOSCH gewonnen. Auf die Nachfrage, warum sich das Unternehmen gerade für uns entschieden hat, kam eine sehr ernüchternde Antwort: „Sie haben einen Rahmenvertrag mit BOSCH, was die Beauftragung und Abwicklung für uns sehr einfach gemacht hat!" Das war nicht gerade meine Wunschantwort. Gehofft hatte ich auf Aussagen wie „Sie haben das beste Angebot geschrieben" oder „Sie haben vertrieblich einfach den besten Job gemacht". Ich kann daraus etwas Wichtiges lernen. Gerade bei großen Organisationen sind eine Lieferantennummer und ein Rahmenvertrag ein wichtiger Differenzierungsfaktor. Zukünftig werde ich den existierenden Rahmenvertrag mit seinen Vorteilen für den Kunden in jedem Anschreiben bei einem Angebot an BOSCH hervorheben!

9 Gründe, warum Sie einen Auftrag vielleicht nicht gewonnen haben

- ❑ Ich habe das Kundenproblem falsch interpretiert und zu wenig hinterfragt. Deshalb hat unsere Lösung nicht wirklich gepasst.
- ❑ Ich habe das Buying Center nicht genug analysiert und mit den falschen Menschen gesprochen.
- ❑ Ich habe das Budget des Kunden falsch eingeschätzt.
- ❑ Ich habe die Entscheidungskriterien des Kunden nicht verstanden und konnte deshalb unsere Lösung nicht optimal positionieren.
- ❑ Ich habe nicht rechtzeitig und hartnäckig genug nachgefasst.
- ❑ Mein Auftreten beim Kunden war nicht gut genug (zu spät, Kleidung, Wortwahl, …).
- ❑ Ich konnte die Einwände und Ängste des Kunden nicht wirklich entkräften.
- ❑ Ich habe die Ansprechpartner emotional nicht erreicht.
- ❑ Mein Fachwissen über die Kundenprozesse, Kundenforderungen reichte nicht aus.

Für die tägliche Praxis

Analysieren Sie zwei Anfragen aus den vergangenen Wochen, die Sie gewonnen oder verloren haben. Was lernen Sie aus diesen Anfragen?

Empfehlung und Referenzaussage einholen

Schlüpfen Sie doch einmal in die Schuhe des Kunden und stellen sich folgende Situation vor: Der Auftrag ist vergeben, die Leistungserbringung hat stattgefunden. Jetzt ruft Sie der Verkäufer noch einmal an, um sich zu erkundigen, ob alles passt. Wären Sie begeistert? Sie wären begeistert!

Für diesen Anruf benötigen Sie als Verkäufer nur wenig Zeit. Sofern Sie im Industrieumfeld tätig sind, werden Sie sich vor dem Anruf noch einmal mit Ihrem Projektleiter, Montagemeister oder Testingenieur abstimmen, ob wirklich alles gut gelaufen ist. Aber ansonsten ist der Anruf schnell erledigt. Auf der einen Seite tun Sie damit etwas für die Kundenbegeisterung und damit Kundenbindung. Auf der anderen Seite bietet Ihnen dieser Anruf auch eine Chance, die nur wenige Verkäufer nutzen! Jetzt ist der richtige Moment gekommen, um den Kunden auf zwei Dinge anzusprechen, nämlich auf eine

1. Referenzaussage, ein Referenzschreiben
2. Empfehlung an einen neuen Kontakt

Referenzaussage: Referenzen von Kunden sind ein hartes Argument. Sie sind eines der stärksten, weil glaubwürdigsten Instrumente, die Sie im Vertrieb nutzen können. Eine gezielte Aussage im nächsten Angebot kann bereits einer der entscheidenden Differenzierungsfaktoren sein. Machen Sie es deshalb zu einem festen Bestandteil Ihres Verkaufsprozesses, eine Referenzaussage einzuholen.

Empfehlung: Neue potenzielle Kunden heute kalt anzusprechen, ist schon fast eine Strafe. Viel leichter ist es, wenn Sie einen neuen Kontakt über eine Empfehlung herstellen. Diese Empfehlung kann auf zwei Ebenen passieren.

Ebene 1: Empfehlungen innerhalb des Unternehmens

Entscheidend insbesondere bei größeren Kunden oder Key Accounts. Dazu ein einfaches Beispiel: Wir haben in einem Unternehmen ein Training für den Vertriebsleiter aus dem Bereich „Standardlösungen“ durchgeführt. Wir wissen aus unserer Kundenanalyse, dass es neben diesem Vertriebsbereich noch einen zweiten gibt. Eine kurze Nachfrage bei „unserem“ Vertriebsleiter ergibt, dass er uns gerne den Kontakt zu seinem Kollegen herstellt und damit eine Tür für uns öffnet. Leichter generieren Sie keine Leads!

Ebene 2: Empfehlungen außerhalb des Unternehmens

Für einen mittelständischen Kunden haben wir ein Trainingsprojekt durchgeführt. Aufgrund unserer Recherche wissen wir, dass er sich regelmäßig mit anderen mittelständischen Unternehmen der Region austauscht. Auch hier führte ein kurzes Nachfragen zu einem neuen Kontakt.

Kundenbindungsplan

Es ist Freitagnachmittag und Sie lassen die Arbeitswoche noch einmal Revue passieren. Wie viel Prozent Ihrer Arbeitszeit haben Sie wirklich aktiv gestaltet und wie häufig haben Sie eher reagiert? Viele Mitarbeiter im Account Management und Verkauf arbeiten reaktiv und taktisch. Ein Kunde fragt nach einem Termin. Über die Internetseite erreicht uns eine neue Anfrage. Der Chef bitte um eine kurze Analyse. Ein anderer Kunde wartet auf seine Lieferung und wir müssen uns darum kümmern. Kommt Ihnen das bekannt vor? Die Herausforderung dabei ist, nicht zu einem Getriebenen werden. Um ein aktiv gestaltender Verkäufer zu werden (oder zu bleiben), setzen Sie für Ihre Top 10-Kunden einen proaktiven Kundenbindungsplan auf.

Dieser ist ganz einfach. Zu Beginn eines Jahres (oder wenn Sie bei einem Kunden ein sehr wichtiges Projekt gewonnen haben) überlegen Sie sich Maßnahmen, um beim Kunden sichtbar und präsent zu bleiben – und damit die Grundlage für weiteres Geschäft schaffen.

Kundenbindungsplan 2018

Top-Kunde	Name	Q1/2018	Q2/2018	Q3/2018	Q4/2018
1	XXX		Ostergruß mit dem Buch „Steigern Sie Ihre Produktivität jetzt! an den Vertriebsleiter verschicken.		Anruf zu Weihnachten und Danke sagen für die Aufträge in 2018.

Diesen Kundenbindungsplan können Sie sich unter http://erfolgsfaktoren-im-b2b-vertrieb.de herunterladen.

Für die tägliche Praxis

Identifizieren Sie Ihre Top 10-Kunden oder auch potenziellen Kunden und überlegen Sie sich einen Kundenbindungsplan für die nächsten vier Quartale, um bei Kunden sichtbar zu bleiben, damit sich auch bei der nächsten großen Ausschreibung berücksichtigt werden.

Stichwortverzeichnis